中国城市再生水发展研究

班云霄　编著

张　丽　主审

中国铁道出版社

2015年·北京

内 容 简 介

本书主要利用单元与多元分析方法研究寻找再生水在中国"曲高和寡"的原因，并为将来的再生水发展提供思路和建议。其研究内容包括：再生水的社会市场效应研究；再生水项目的经济盈利能力研究；再生水项目的费用水平分析；再生水项目的可持续发展研究；利用价值工程原理，分析再生水的发展。

图书在版编目（CIP）数据

中国城市再生水发展研究/班云霄编著 . —北京：
中国铁道出版社,2015.4
ISBN 978-7-113-20074-9

Ⅰ.①中… Ⅱ.①班… Ⅲ.①城市用水—再生水—
水资源管理—研究—中国　Ⅳ.①TU991.64

中国版本图书馆 CIP 数据核字（2015）第 050018 号

书　　名：**中国城市再生水发展研究**
作　　者：班云霄

策　　划：曹艳芳
责任编辑：曹艳芳　　　编辑部电话：010-51873017　　　电子邮箱：chengcheng0322@163.com
封面设计：郑春鹏
责任校对：王　杰
责任印制：郭向伟

出版发行：中国铁道出版社（100054，北京市宣武区右安门西街 8 号）
网　　址：http://www.tdpress.com
印　　刷：中煤涿州制图印刷厂北京分厂
版　　次：2015 年 4 月第 1 版　2015 年 4 月第 1 次印刷
开　　本：710 mm×960 mm　1/16　印张：9.5　字数：180 千
书　　号：ISBN 978-7-113-20074-9
定　　价：34.00 元

前　言

淡水缺乏的问题正在世界范围内加剧，中国的许多城市正处于极度缺水状态。而再生水利用能够减少环境的污染，节约淡水资源，对世界经济和社会的发展具有重要意义。

但再生水利用工程在中国确实是太过稀少，即使是中国西部干旱地区的城市，淡水资源极度匮乏，也基本很少有再生水利用的范例可陈。查阅相关文献，发现无论是市政集中再生水项目，还是分散再生水项目，都可做到技术可靠，造价低廉。显然，再生水利用在中国的处境是"曲高和寡"。

为了改变这一格局，找出再生水利用在中国发展的"瓶颈"，研究另辟蹊径，从再生水的市场效应，技术能力、经济盈利、费用水平和可持续发展评价方面对再生水利用进行系统研究，以期通过研究找到再生水利用在中国受阻的真正原因。

研究采用效益/费用模型，分析再生水的市场推广；采用费歇判别判断再生水市场的消费导向。从而综合判断再生水的市场效应。通过工程实例，考察再生水项目技术的可行性。考虑资金的时间价值，建立供水方案的单位造价模型和供水项目的动态投资回收期模型，以分析再生水项目的经济效益。建立多元用水消费的费用水平模型，利用因子分析法，研究供水方案的综合费用水平。并行运用时间序列和空间序列，建立供水项目的可持续发展评价模型，以分析供水方案的国家战略。通过以上研究，找出再生水发展的障碍，定位再生水项目在具体建设中的发展空间。

研究利用价值工程理论，分析再生水项目未来的发展方向。并为科技工作者、国家战略政策制定者等提供参考。本书的出版得到了国家自然科学基金（S1168026）的资助。作者谨此致以衷心的感谢。

本书绪论、第1章、第2章（第2.3节除外）、第5.2节由兰州交通大学白圆编写；第2章第2.3节、第3章、第4章、第5章（第5.2节除外）、第6章、第7章及附录由兰州交通大学班云霄编写；第8章由兰州交通大学常胜编写；第9章由兰州交通大学毛玉红编写。全书由班云霄统稿，兰州铁道设计院有限公司张丽主审。

班云霄

2015年2月26日于兰州

目　录

绪　　论

　　水是生命之源,万物之泉,是人类社会和经济发展的重要组成部分。同时,水也是自然界发展的重要物质,是人类生产生活不可缺少的重要资源。全球水资源总量为 $1.36×10^{16}$ m^3,其中海水总量 $1.32×10^{16}$ m^3,约占水资源总量的 97.1%;淡水资源总量为 $4×10^{14}$ m^3,约占水资源总量的 2.5%。在地球的淡水资源中,绝大多数以冰山和冰川的形式存在于两极,能被人们直接利用的只有 $2.5×10^{15}$ m^3,仅占淡水资源总量的 0.26%。中国是水资源较为匮乏的国家,水资源总量为 23 763 亿 m^3,人均水资源为 1 784.9 m^3,仅为世界平均水平 6 624 m^3 的 1/4 左右。由于中国的国土面积辽阔,水资源的时空分布不均,造成很多地区的水资源供应紧张,特别是在东北、华北和西北地区更为匮乏。上述地区水资源总量仅占全国水资源总量的 19.8%,而该地区人口为 5.4 亿,占全国人口的比例为 41.7%,水资源不足的状况显而易见。

　　水在自然界的物理、化学和生物作用的过程中,是一种动态的可更新资源。水的再生性和有限性以及时空分布的不均匀性,对人类社会的影响巨大。其具体表现如下:

　　(1)再生性

　　1)形态再生

　　地球上的水以相态转换、吸收和释放热量的形式,在地球大气圈、岩石圈以及生物圈的参与下形成水循环,使地球上各种水体形态不断更新,呈现再生性。

　　2)水质再生

　　水在参与生产、人类使用及流动并与地表、地面及大气相接触的过程中,会夹带及溶解各种杂质,使水质发生变化。这一方面使水中具有各种生物所必需的有用物质,但也会使水质受到污染。而经过自然或者人工的参与,水质会得到恢复,从而达到水质再生。

　　(2)有限性

　　对一定的时间、空间范围来说,大气降水对水资源的补给却是有限的,水资源并不是"取之不尽,用之不竭"的,世界陆地年径流量约 $4.7×10^{13}$ m^3,可以说这是目前人类利用的水资源的极限。另外,一定地区在某一时间范围内的水资源是有限的,所以一定要将水资源的开发与维护相结合,以保持水资源持续开发利用。

　　(3)时空分布的不均匀性

　　水资源的时空变化是由气候条件、地理条件等多种因素综合决定的。那些距海较近、接受输送水汽较为丰富的地区雨量充沛,水资源数量也较为丰富,而那些位居内陆、水汽难以到达的地区,降水稀少,水资源极其匮乏,从沿海到陆地呈现为湿润区到干旱区的变化。在时间上,水循环的主要动力是太阳辐射,因而地球运动所引起的四季变化,造成同一地区所接受的辐射强度是不同的,使得同一地区的降雨在时间上的差异也是很明显的,主要表现为一年四季的年内水量变化以及年际间的水量变化。对一个地区来说,夏季雨量较多,循环旺盛,是一年的丰水期,而每年的冬天,水循环减弱,雨水稀少,是每年的枯水期。此外,径流年际变化的随机性很大,常出现丰枯交替的现象,还可能出现连续洪涝或持续干旱的情况,即出现所谓径流年际变化的丰水年组和枯水年组现象。从而导致水体在时间和空间上分布的不均匀性。

近年来,随着工农业的发展和人口的日益增长以及人民生活水平的提高,人们对水的需求量较过去有了惊人的增长。中国是世界人口大国,但人均淡水资源却是贫国,水资源可利用量以及人均和亩均的水资源量极为有限。目前水资源短缺问题已成为国家经济社会可持续发展的严重制约因素。

而大量的城市污水和工业废水未经处理即排入水体,造成环境污染产生种种间接危害。世界上的一些国家,特别是发展中国家的污水灌溉工程的规模虽大,但以往污水多未经处理或只经简单处理即予回用,且直接灌溉粮食、蔬菜作物,造成农作物和土壤的严重污染。再生水利用系统运行后,大量城市污水经处理应用到农业灌溉、保洁、绿化等方面,不仅减少污水排放量,减轻水体污染,而且降低对农作物、土壤的污染。

同时,在生产、生活中并非所有用水或用水场所都需要优质水,有些用水只需满足一定的水质要求即可。生产、生活用水中约有40%的水是与人们生活紧密接触的,如饮用、烹饪、洗浴等,这些方面对水质要求很高,必须用清洁水;但是还有多达60%的水是用在工业、农业灌溉、环卫和绿化等方面,这部分对水质要求不高,可用再生水替代清洁水。以再生水替代这部分清洁水所节省的水资源量是相当可观的。

为应对水源危机,世界上许多国家和地区早已把再生水开辟为新水源,是国际公认的"城市第二水源"。而随着再生水项目在中国城市的兴起,研究其可持续发展也成为一个重要的话题。因此,怎样对水资源进行开发利用,关系着人类的健康和生命安全。

中国城市再生水主要包括分散再生和市政集中再生,其核心目的是对水中的目标污染物进行处理,从而达到再生的目的。而分散再生由于"就地处理,就近利用",能够节能减排,加快供水循环,似乎有百利而无一害,但无论是集中处理再生,还是分散处理再生,在中国城市中,即使比较干旱的西部城市,也比较罕见。因而研究首先分析再生水项目的社会意义,并总结现今人们对用水评价的一些方法。从再生水的市场效应分析,以观察人们对再生水的接受程度和消费心理。其次采用财务分析和多因素分析,以此来寻找再生水利用在中国城市"曲高和寡"的原因。再次,研究提出权重是可变的概念,建立可持续发展评价模型,以此评价多种供水方案的可持续发展程度,从而为技术本身,科技工作者和政府决策者提供参考依据。最后,利用价值分析,得出再生水最终在中国城市的发展方向和存在形式。

第1章 中国城市再生水项目实施的意义

人口的持续增长,地表水和地下水的污染,水源在时间上和空间上分配的不均匀和周期性的干旱已经迫使全球的水资源专家们来寻找供水的替代水源。在世界各地从1880年开始的污水回收与再用的实践,证明了污水是一种可再生的水资源,污水的回用既解决了水污染问题,还同时实现了水资源的回收和物质的回收,是解决水资源短缺,防治环境污染的有效的技术措施。同时,也是其他技术,如长距离调水和海水淡化所不能比拟的,是今后全世界污水处理的发展方向。

由于我国的水资源紧缺,水资源缺乏的部分原因是降水的不平衡,另外,还由于未经处理的污水直接排入水体,引起水源的污染,这不仅加重了水源的有害性,使其水质更进一步恶化,并且使水源部分地或者全部地丧失了其功能。对于缺水城市而言,城市污废水再生利用比开发建设新水源更为重要,更符合我国缺水的客观事实,更具有深远与现实意义。以城市污水二级处理水为原水,建立再生水厂,修建回用水道,供给工业及城市,是解决水资源短缺的有效途径,是缺水城市势在必行的重大决策,是符合可持续发展理论的最有效的策略之一。所谓可持续发展就是特定区域的需要不危害和削弱其他区域满足其需求的能力,同时当代人的需求不对后代人满足其需求能力构成危害的发展。城市再生水回用符合可持续发展定义的时间和空间两方面的尺度,因而必将得到更广泛的关注。再生水使用方式很多,按与用户的关系可分为直接使用与间接使用,直接使用又可以分为就地使用与集中使用。多数国家的再生水主要用于地下水回灌用水,工业用水,农、林、牧业用水,城市非饮用水,景观环境用水等五方面。具体用途如下:再生水可用于地下水回灌,用于地下水源补给、防治地面沉降;还可用于工业作为冷却用水、洗涤用水和锅炉用水等;再生水用于农、林、牧业用水可作为部分农作物和林木、观赏植物的灌溉用水;也可用于冲洗以及游乐场所,改善水环境,如改善湖泊、池塘、沼泽地水环境,增大河水流量和鱼类养殖,还可用于消防、喷泉和水厕。

1.1 再生水的价值

1.1.1 价值的基本含义

价值是具体事物具有的一般规定、本质和性能。任何具体事物、主体和客体、事情和事情、运动和运动、物体和物体的相互作用、相互影响、相互联系、相互统一是价值的存在和表现形式。从哲学的角度定义价值,它指的是具体事物的组成部分,是人脑把世界万物分成有用和有害两大类后,从这两大类具体事物中思维抽象出来的绝对抽象事物,是世界万物普遍具有的相互作用、相互联系的性质和能力,是每个具体事物都具有的普遍性规定和本质。关于价值的含义,马克思主义哲学所给出的定义就更为明确:价值是揭示外部客观世界对于满足人的需要的意义关系的范畴,指具有特定属性的客体对主体需要的意义。正确理解价值的基本内涵,应明确价值是正价值和负价值的统一体。这种统一体指的是客体所具有的作用和影响主体生存发展的能力和价值,即具有正面意义和价值,也具有负面意义和价值,是正面意义和负面意义、正价值和负价值组成的对立统一体。人类认识和改造世界的根本原因就在于要通过自身的行为消除世界万物对人类生存发展具有的负面意义和价值,充分发挥和利用正面意义和价值,实现人类不断生存和发展的目标。把价值分为正价值和负价值是按照客体作用的效果为参考系来分类的。

按照不同的参考系,价值还有很多分类的方法:以满足主体需要为参考系,价值可分为物质价值、精神价值、社会价值。其中物质价值包括天然物的自然价值,人工产物的人化自然价值和经济价值。以主体的需要为参考系可以分为生存价值、享受价值、发展价值、生理价值、安全价值、社交价值、信誉价值、自我实现价值、实践价值、理论价值等。以主体为参考系可分为社会价值、群体价值、个体价值。其中群体价值指对特定的人群组合的价值,如对国家的价值、对民族的价值和对阶级的价值。以客体对主体的作用为参考系可分为经济价值、政治价值、科学文化价值等。以客体作用的时间为参考系可分为历史价值、现在价值、未来价值等。以价值的存在状态为参考系可分为潜在价值、现实价值、自在价值和自为价值。

总体来说,价值就是标志人与外界世界关系的一个范畴,是指在一定条件下,外界事物的客观属性对人所发生的效应和作用以及人对它的评价。即任何一种事物的价值包含两个相互联系的方面:其一是事物的存在对人的作用和意义,另一是人对事物有用性的评价。

准确把握价值的基本含义,可以正确分析再生水价值所在,在经济可行,技术可靠的情况下,对再生水项目的实施提供指导作用。

1.1.2 再生水价值的理论分析

在中国,用水危机已经成为制约社会经济发展的一种重要因素,中国的大部分城市已经处于极度缺水状态。研究从劳动价值论、效用价值论和环境价值论对再生水的价值进行分析。

（1）劳动价值论

劳动价值论认为价值是由无差别的一般人类劳动构成，这就是抽象劳动创造的理论。英国的经济学家认为商品价值的"自然价格"取决于生产时所需人力的多少，即商品在生产过程中耗费的劳动量。马克思采用辩证法和历史唯物论，认为劳动价值论就是物化"商品中的社会劳动量决定商品价值"的理论，并把价值归纳为"抽象劳动的凝结"。他认为商品具有二重性，都具有价值和使用价值。价值的本质是凝结在商品中的无差别人类劳动，决定商品价值的是生产使用价值的社会必要劳动时间。

根据马克思的劳动价值理论分析再生水的价值和使用价值。首先，再生水凝结了无差别的人类劳动，再生水在生产的过程中投入了大量的人类活动，包括人工、设备、材料等等，这些也体现再生水的价值所在，也是研究者在经济分析和费用水平分析重点关注的对象；"物的有用性使物成为使用价值"，从再生水具有广泛的用途说明，再生水具有使用价值。

（2）效用价值论

效用价值论是以物品满足人的欲望或人对物品效用的主观评价解释价值及其形成过程的经济理论。在 19 世纪 60 年代以前主要表现为一般效用论，19 世纪 70 年代以后则主要表现为边际效用论。效用价值论最早是由英国早期经济学家 N. 巴明确表述的。他认为，一切物品的价值都来自它的效用；物品效用在于满足人的欲望和要求；一切物品能满足人类天生的肉体和精神的欲望，才成为有用的东西，从而才具有了价值。资本主义商品经济的交换关系是效用价值论当时得以存在和发展的条件。19 世纪 30 年代后，英国经济学家 W. F. 劳埃德提出：商品价值只表示人对商品的心理感受，不表示商品某种内在的性质；价值取决于人的欲望以及人对物品的估价；人的欲望和估价会随物品数量的变动而变化，并在被满足和不被满足的欲望之间的边际上表现出来，它实际上是分了总效用和边际效用的概念。随后，德国经济学家 H. H. 戈森在《论人类交换规律的发展及由此而引起的人行为规范》中提出了人类满足需求的三条定理，即著名的"戈森定理"：①欲望或效用递减定理，即随着物品占有量的增加，人的欲望或物品的效用是递减的；②边际效用相等定理，即在物品有限条件下，为使人的欲望得到最大限度满足，势必将这些物品在各种欲望之间作适当分配，使人们各种欲望或被满足的程度相等；③在原有欲望已被满足的条件下，取得更多享乐量，只有发现新享乐或扩充旧享乐。19 世纪 70 年代以后，人们普遍认为效用价值主要表现为边际效用，物品的价值是由效用性和稀缺性共同决定的。20 世纪后，随着西方经济价值理论的发展，出现了均衡价格的概念。效用价值论最后由阿弗里德·马歇尔给予高度概括总结，形成了一个完整的价值理论体系，被称为"均衡价值理论"。

图 1.1 表示了均衡价格的构成,A 为均衡点,H 为均衡价格(即价值),SS' 为需求曲线,dd' 为供给曲线。

效用价值论更多的是强调人对物的判断,突出人的主观愿望。再生水能够缓解用水危机,满足人们对水在生活的需求,从而对人来说,再生水具有了效用。根据效用价值论,再生水具有价值。

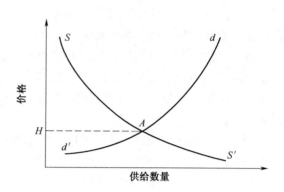

图 1.1　均衡价格构成曲线

(3)环境价值论

环境价值论是基于对人与环境之间关系认识的基础上提出的。环境是以人类社会为主体的外部世界的总体,它包括了已经为人类所认识的、直接或间接影响人类生存和发展的物理世界的所有事物。各种未经过人们改造的自然要素(阳光、空气、陆地、天然水体、天然森林、草原等)和经过人类改造和创造出的各种事物(如水库、农田、园林、城市、乡村、工厂等)都是环境的组成部分。不仅如此,这些物理要素和它们构成的系统及其所呈现出来的状态及相互关系也是环境的重要内容。再生水资源作为水资源的组成和补充,是以水资源为中心的各种与之相关的诸要素的集合。再生水资源在人与环境中的关系可用图 1.2 表示。

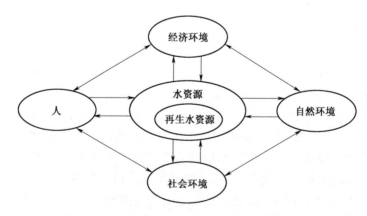

图 1.2　再生水资源在人与环境关系中的作用

由图中可以看出,水资源不仅是生物生存不可替代的物质,也是经济活动难以缺少的投入物质,同时也是构成自然环境的基本要素之一,所以水资源具有自然属性、社会属性和经济属性。因此在考察再生水价值时就必须与之相对应,从社会、经济和环境(自然)的角度综合评价。

　　环境价值论就是以这种视角,综合效用价值论和劳动价值论后形成的新的价值体系。在人与环境之间,人是主体,环境是客体,环境能够满足人类生存、发展和享受所需要的物质性商品和舒适性服务,因此环境对人是有价值的。同时环境对人类的价值还会随着人类各种物质需求的发展顺序,即生存需求、发展需求和享受需求的顺序逐步增大。正因为如此,随着社会经济发展水平和人们生活水平的提高,人们对环境的舒适度要求也会不断提高。对环境价值论而言,再生水具有更多的综合价值。

1.1.3　再生水资源的价值构成分析

　　(1)价值的基本组成

　　J. McNeely 等在 1990 年提出可以根据生物多样性产品是否具有实物性将生物资源分为直接价值和间接价值。在此基础上又根据生物多样性产品是否经过市场交换以及是否被消耗的性质将直接价值和间接价值进一步划分为消耗性使用价值、生产性使用价值、非消耗性使用价值、选择价值和存在价值。英国经济学家大卫·皮尔斯(D. W. Pearce)在对环境价值评估研究中提出的环境资源的价值分为使用价值和非使用价值的理论应用的最为广泛。其中有关价值构成的论述是将环境资源价值分为由直接使用价值、间接使用价值和选择价值组成的使用价值以及由遗产价值和存在价值组成的非使用价值。如果用经济价值来反映环境资源的价值组成,他提出了环境资源的资产总价值的概念,既由上述 5 种价值之和构成了环境资源资产的总经济价值。皮尔斯的分类方法同经济合作与发展组织(OECD)在 1995 年出版的《环境项目和政策的评价指南》一书的分类方法相类似,是目前国外应用最多的环境资源价值构成的分类方法。

　　(2)再生水的使用价值

　　1)直接使用价值

　　再生水的直接使用价值是指再生水作为一种产品,可以满足人们的多种具体的用途需求而所具备的价值。根据再生水水质的不同,可以把再生水用于市政杂用、城市景观、农业灌溉、工业生产等多种功能。这些都表现为再生水作为具体产品功能被人们所消耗使用。再生水的使用功能主要包括再生水开发利用决策过程中投入的各种劳动(如勘察、设计等)和再生水开发利用过程中投入的各种劳动(包括土地费用投资、劳动力投入等生产要素)。

　　2)直接服务价值

　　再生水的直接服务价值是指由于再生水的存在而为人们提供的服务。这种服务体现在虽然没有具体的实物形态,但却是客观存在的。能够在人们的生活、生产等过程中被感受、利用。例如西安绿地世纪城中由于再生水景观的存在,可以对人们的心理产生美的感受,从而提供一种放松感和愉悦的心情。由于再生水的生产和使用过程本身需要的各种生产要素的投入,包括劳动力和资金等,形成了新的产业链。以上这些最终价值的体现就是对城市经济的贡献,即再生水资源对城市经济的提升作用。

3)间接功能价值

再生水的间接价值是指再生水为生产和消费提供支持与保障所具有的价值,也就是再生水作为生态系统的组成所具备的功能价值,这也常常称作环境的服务价值。再生水作为水环境构成的生态系统为社会经济发展所提供的环境和生态的保障作用。再生水的间接价值不能被直接使用或者消费,但其作用能够在生态环境中发挥作用。例如,在城市居住小区构建水景,能够净化空气,调节气候等等。同时,再生水也可以减少环境的污染等作用。

4)选择价值

再生水作为一种供水资源,具有选择价值。当人们在利用某种资源时,如果不希望它很快被消耗、破坏,或者希望能够在未来的某个时刻再使资源的使用价值得到体现,那么现在就需要支付一定的费用作为这种愿望实现的保证。从这种意义上说,选择价值就是对资源潜在价值的将来利用,这种利用货币化,就相当于消费者为将来利用的某种资产所支付的"保险金"。再生水的选择价值在于人们对水资源可持续利用的意愿,为了使水资源或者水环境能得到有效的保护,人们各种投入的意愿,包括治理水环境污染、采取节水技术、使用再生水等而愿意支付的各种投入都是再生水资源选择价值的体现。

(3)再生水的非使用价值

1)存在价值

人们基于伦理上的关注和责任感使得对资源的存在意义产生支付意愿,这是资源存在价值形成的基础。存在价值也叫内在价值,是人们为确保某种资源能够长期存在而自愿支付的费用,是资源本身具有的一种经济价值。存在价值与资源是否在现在、将来被利用无关,是人们对资源价值的道德评判。再生水可以改善水环境、影响局部区域的生态系统、气候变化等,因而再生水的存在具有重要的存在价值。

2)遗产价值

当代人为将来某种资源能够永续地被子孙后代利用而自愿支付的费用被称为遗产价值。按照可持续发展的理论和观点,资源的代际公平是最基本的思想和要求,当代人为了使自己的子女或后代可以从现有的自然资源中得到收益,而自愿支付费用去保护这些资源,资源的遗产价值便得到了确认。再生水成为水资源的补充之后,就和自然环境资源不可分割,而环境资源特别是好的水资源和水环境对子孙后代的重要意义更加毋需讨论。因此再生水资源的遗产价值也是其价值构成中不可缺少的重要内容。

1.2　中国城市再生水项目实施的现实背景

风花雪月,无水则无韵;小桥流水人家,无水则无家。然而,随着我国工业化和城市化进程的快速发展,人类对水的依赖程度越来越大,资源型和水质型双重缺水的特征日益凸显。许多河流、湖泊以及地下水资源面临枯竭,地表水也大多遭受污染,生态环境遭到严重破坏,气候变得也比较干旱。水源变得更加稀少,水源危机加重,水源已经成为制约我国经济和社会可持续发展的瓶颈。

我国水资源严重贫乏,属世界上 13 个贫水国之一,人均水资源仅为世界平均水平的 1/4。全国 660 多个城市中有 400 多个缺水,其中 114 个严重缺水。

为解决现代城市的缺水问题,世界上许多国家和地区早已把再生水开辟为新水源,是国际公认的"城市第二水源",并且再生水回用已成为开源节流、减轻水体污染、改善生态环境、缓解水资源供需矛盾和促进城市经济社会可持续发展的有效途径。

解决水源危机主要有几种方案:跨流域调水、海水淡化、再生水利用。利用再生水所需的投资及运行费用远低于长距离引水、海水淡化所需投资和费用。目前城市污水二级处理形成 40 亿 m^3 水源的投资大约在 100 亿元左右,而形成同样规模的长距离引水则需 600 亿元左右,海水淡化需 1 000 亿元左右,可见再生水回用在经济上具有明显优势。另外,城市再生水利用所收取的水费可以使污水处理获得资金支持,有利于水污染的防治。

国外城市开展再生水回用的时间较早。美国首次利用回收水是 1926 年,到 1971 年就已有 358 家工厂利用处理后的城市污水,回收量为 5.1 亿 m^3。日本城市的高层大楼都采用了中水道技术。如 60 层的三菱公司大楼,楼内设有饮用水和非饮用水两套管路。洗菜盥洗用过的水经处理后,送入非饮用水管路,作为冲洗厕所、洗汽车、冷却或暖气用水等。以色列是一个水资源极度贫乏的国家,污水再生回用已经成为其一个重要的水源。该国现有 200 多个污水回用工程,100%的生活污水和 72%的城市污水得到了回用。全国的 127 座再生水水库与其他水源联合调控,统一使用。以色列将污水回用以法律的形式给予保障。如法律规定在紧靠地中海的滨海地区,若污水没有充分利用就不允许使用海水淡化水。再生水资源给以色列带来了极大的经济效益,不仅实现了全国粮食自给,而且还将棉花、花生等出口到了欧洲。

虽然我国早在 20 世纪 50 年代就开始采用污水灌溉的方式回用污水,但真正将污水深度处理后回用于城市生活和工业生产则是近 20 年才发展起来的。最先采用污水回用的是大楼污水的再利用,然后逐渐扩大到缺水城市的各行各业。1990 年我国将"污水净化与资源化技术研究"列入"八五"国家科技攻关计划,组织了城市污水资源化的科技攻关并建立了示范工程,研制成套技术设施并推广应用。北京市于近年开始进行再生水回用工程示范,并在《北京市中水设施建设管理试行办法》中明确规定:凡建筑面积超过 2 万 m^2 的旅馆、饭店和公寓以及建筑面积超过 3 万 m^2 的机关科研单位和新建生活小区都要建立中水设施。实践证明,在我国开展再生水回用的研究和应用是符合国情而且是必要、可行的。

据统计,截至 2012 年底我国城镇污水处理厂的污水日处理能力已达 1.42 亿 m^3,年处理污水总量 422.8 亿 m^3;2010 年全国城镇污水处理再生水生产能力达 1 209 万 m^3/日,年再生水利用总量 33.7 亿 m^3,约为总处理量的 9.63%。据国务院颁布的"十二五"规划和工作方案,"十二五"期间,我国将大力推进节水型社会建设,到 2015 年,全国城镇污水处理厂再生水利用率将从 2010 年的不足 10%提高到15%以上,新增再生水利用能力 2 700 万 m^3/日;全国规划建设污水再生利用设施规模 2 676 万 m^3/日,全部建成后我国城镇污水再生利用设施总规模接近 4 000 万 m^3/日。尽管我国再生水占污水处理总量的比例不低,高于美国、欧洲、日本等国家和地区,但整体利用水平有待进一步提高,污水再生利用仍处于起步阶段,具有巨大的空间和潜力。

进入 21 世纪后,随着《城镇污水处理厂污染物排放标准》(GB 18918—2002)的颁布和实施,城镇污水处理才开始真正从"达标排放"逐步转向"再生利用"。"十五"、"十一五"期间,我国再生水事业发展较快,先后进行了污水资源化利用技术与示范研究,建设了集中再生水利用工程,并陆续将再生水纳入城市规划。以北京为例,自 1987 年以来北京市先后制定了一系列再生水设施建设管理的相关政策和再生水利用的相关标准。2003 年起,北京开始大规模利用再生水,2010 年再生水利用量达 6.8 亿 m^3,首次超过了地表水用水量,并已成为北京水资源的重要组成部分。据预测,2015 年北京市再生水用量将达 10 亿 m^3。

可见,再生水利用具有节省水资源,提高水资源的综合利用率,缓解城市缺水问题,保护环境、防治污染的诸多好处,与经济社会的可持续发展息息相关。

1.3　再生水回用是水资源可持续利用的必然

"再生水"也称为"中水"、"循环水"、或者"回用水",主要指城市污废水经处理后达到一定的水质标准,可在一定的范围内重复使用的非饮用的杂质水,其水质介于上水与下水水质之间,再生水回用是水资源有效利用的主要形式。

(1)再生水回用是水资源可持续利用发展的必然阶段

水是人类和自然界各种生物生活的必需品,但随着现代文明和工业的发展,一方面水资源的需求量在不断地增长,另一方面新的水污染也在不断地吞噬着更加稀少的水资源。水资源的供需矛盾日趋严峻,水资源危机已经成了一个不争的事实,已经成为制约国民经济发展和社会文明发展的重要因素。

我国国土辽阔,但也人口众多。人均水资源位居世界的 119 位,是世界人均平均水平的 1/4,仅为 2 200 m³,被列为全球 13 个严重缺水的国家和地区之一。据前期文献资料统计,我国 669 个大中城市中,严重缺水的竟然达到 110 个,而全国城市的缺水量为 1 600 万 m³,直接影响工业产值 2 000 多亿元。

我国气候多样,西北方向的大部分地区,属于干旱和半干旱地区,存在水资源严重稀缺,缺水现象难以想象,水量供需矛盾急需解决的问题,怎样统一利用水资源,使得水资源发挥最大的国民经济效益,提高水资源利用企业的节水积极性成为一个重要的课题。

面对水价的不断上涨,水价听证会的频繁召开,阶梯水价的实施,再生水项目已经成了解决城市水危机的重要措施,可以发挥水资源最大的社会和经济价值。再生水项目就是将人们用过的杂排水(去除冲厕水),经过分流制管道系统回收后进行再生处理,达到再次利用的标准。例如可以利用再生水作为水景用水、浇洒道路、洗车、冲厕用水、空调冷却用水、消防用水等等,一方面可以节约水资源,通过消减阶梯水价,节省自来水费,同时也可以提高社会效益和环境效益,减少排污费,推进水资源建设的可持续发展。

(2)再生水项目是水资源自身价值的体现

城市污水主要包括生活污水、工业废水以及城市降水形成。生活污水主要是指供人类日常生活所排放的水,主要包括卫生间、厨房、洗浴间、洗衣间等生活设施所排放的水。针对城镇用水,根据水质污染的程度,可以把生活污水分为两类:

1)冲厕污水

冲厕污水的污染物浓度较高,但水量较少,约占生活污水总量的 20%~25%。其水质指标见表 1.1。

表 1.1　冲厕水污染物指标

指标	数值	指标	指标
pH	7~8.5	SS(mg/L)	1 500~3 000
BOD_5(mg/L)	1 500~2 500	蒸发残留物(mg/L)	2 000~3 000
COD_{Cr}(mg/L)	1 800~3 000	总细菌数(个/L)	10^7~10^9
氨氮(mg/L)	150~250	大肠菌群(个/L)	10^3~10^5

从表 1.1 可以看出,冲厕污水中所含的污染物主要为较高有机污染物和悬浮物质。

2)生活杂排水

生活杂排水主要是盥洗、洗涤等人类生活用水。其水质指标见表1.2。

1.2 生活杂排水污染物指标

指标	数值	指标	指标
pH	7~8.5	氨氮(mg/L)	15~25
BOD_5(mg/L)	50~90	SS(mg/L)	50~80
COD_{Cr}(mg/L)	150~250	TP(mg/L)	4~6

通过表1.1和表1.2可以比较得出,生活杂排水的污染物总量比冲厕水大幅降低,只占污染物总量的20%左右,但排放量却是生活污水总量的75%~80%左右。

综合比较冲厕污水和生活杂排水,可以得出:在现有的处理技术条件下,再生水项目可以降低处理的费用,能够提高循环经济。在当前水资源经济发展的前提下,已经成为一种必需手段,得到国家政策的支持,已将再生水利用纳入市政用水的范围之内。

1.4 再生水的用途

根据中华人民共和国建设部批准的《建筑中水设计标准》(GB 50336—2002),再生水资源按照用途分类,主要可以回用于农业、工业、市政杂用、城市景观和补给地下水。不同用途再生水利用的水质标准也相应地有明确地要求。

(1)再生水回用于农业

再生水回用于农业主要包括农田灌溉、造林育苗、农牧场和水产养殖。可以使用再生水的农业项目包括种籽与育种、粮食与饲料作物的生产、经济作物的生产,苗木和苗圃的灌溉、观赏植物的浇灌,家禽家畜的饲养及淡水养殖。其中农业灌溉是再生水回用于农业的一个重要途径。目前世界上约有10%的人口使用再生水灌溉的农作物。美国已建成的3 400个污水再利用工程中,绝大部分用于农业灌溉,以色列全国农业灌溉的1/3 用水使用城市再生水,新加坡、瑞典、法国等国家也普遍将再生水用于农业灌溉。我国农业用水资源也严重不足,每年农业缺水300亿 m^3,城市再生水已经成为农灌水的一个主要来源。由于农田灌溉涉及到农田土壤、大气、地下水、农产品的品质和人群的健康,因此必须对再生水的安全性加以严格的控制,制定适当的灌溉制度、监测要求和控制规范,保证农业生态健康和农产品品质安全。

中国是一个农业大国,农业生产在很大程度上依靠灌溉条件,全国范围内70%的粮食作物、90%以上的棉花和95%的蔬菜生产都是依靠灌溉获得,灌溉对我国的农业生产的维持和发展起着基础性的作用。全国约有45%的耕地需要经常性灌溉。由于我国农业灌溉的技术目前比较落后,大部分灌区采用漫灌的方式进行,水资源利用的效率很低,因此水量消耗极大,农业灌溉大约消耗了全国年用水量的 75%。为了缓解农业灌溉用水及污水处理的问题,我国从 20 世纪 50 年代起大规模地采用了污水灌溉,既满足了灌溉用水的需要,又解决了城市污水处理的问题。之所以可以采用这种方式是由于当时的工业发展水平较低,城市污水中生活污水的比例远远大于工业废水,污水中的肥分(有机物、氮磷等)及微量元素可以使作物增产。但是随着城市工业化水平的提高,工业废水中有毒有害物质的浓度也不断增加,未经处理的污水污染物长期超标,致使灌区的土壤、农作物和地下水受到不同程度的污染。因此污水灌溉已经不能适应相应的水质要求,为解决农业灌溉缺水问题,保证农业环境质量,使用经过处理之后的再生水资源成为污水再利用的必然发展方向。农业灌溉用水虽然耗水量大,但是水质要求相对较低,使用再生水时其污水处理费用和回用费用也会相对降低,因此利用污水水源、肥源生产再生水用于农业灌溉对于降低农业生产耗水量、防止农业环境污染是经济合理、环境效益显著的一种方式。再生水回用于农业灌溉可以使大量的优质水源得以节约,用于第二、三产业,是实现水资源"优质优用、低质低用"原则的重要途径,也是缓解农业用水与城市用水、生活用水之间矛盾,实现水资源有效利用与配置的重要途径。

(2)再生水回用于工业生产

在工业企业中,其生产过程一般用水量较大,且耗水量相对稳定,是城市中再生水资源利用的主要产业。在众多的可以利用再生水的行业中,水资源的消耗量依次为火力发电、化工企业、矿业企业、造纸业、医疗和纺织行业。再生水回用于工业用途主要包括以下几个方面,即城市污水深度处理后作为循环冷却水补充水、锅炉补给水处理水以及各种工艺过程用水。回用作冷却水的再生水质应满足相应的循环系统的补给水水质标准,作为锅炉补给水水质要求较高,回用于各种工艺过程时由于工艺不同,水质要求差别也很大,一般是在生化预处理的基础上通过石灰软化、膜处理工艺等使水质达到要求。再生水资源回用于工业生产,在国内外开展的十分广泛,其工艺技术也比较成熟。主要的回用方向包括:直流式或循环式锅炉冷却水,冲渣、冲灰、除尘的洗涤用水,高、中、低压锅炉用水,以及溶料、水浴、蒸煮、水利开采、水利运输、选矿等工艺和产品用水。我国北京、天津等污水回用起步较早的城市都有很多使用的典型案例。以北京市太阳宫热电厂为例,该电厂日用水量高达 1 万 m^3,水资源消耗量巨大,但是该厂的全部生产用水均来自于 14 km 外的北京市酒仙桥污水厂生产的再生水,即便是水质要求较高的锅炉补给水,该厂也通过三级超滤和反渗透膜处理设备将再生水进一步处理后实现了污水资源化。

工业企业的生产用水使用再生水是污废水回用的主要用途,尤其是对于城市污水厂生产的再生水而言,其用水规模较大,具有较好的规模效应。近些年来随着污水深度处理技术研究的不断深入,已经形成了包括石灰软化、活性炭吸附、电渗析、反渗透和超滤等技术在内的较为稳定的污水深度净化技术与工艺,为再生水资源的进一步利用和污水回用率的提高奠定了良好的基础。

（3）再生水回用于市政杂用

在城市的建设和发展中,除了工业用水和居民生活用水之外,还有很大一部分水资源用于市政杂用,主要包括厕所的冲洗、道路的冲刷、绿化用水、冲洗车辆用水、建筑降尘用水、消防用水等等。这些方面的水资源消耗如果采用再生水作为替代,对城市水资源供需矛盾的改善也是十分有益的。再生水作为城市中市政杂用水回用主要包括以下几个方面:

①园林绿化:城市内公共绿地、住宅小区内绿地的绿化用水。

②冲厕、街道清扫:厕所便器的冲洗、城市道路的冲洗和喷洒用水。

③车辆冲洗:各种车辆的冲洗用水。

④建筑施工:施工场地清扫、浇洒、除尘、混凝土养护与制备用水;施工中的混凝土构件和建筑物冲洗用水。

⑤消防:消火栓、喷淋、喷雾、泡沫和消火炮用水。

市政杂用水一般对水质要求不高,但在使用的过程中有可能与人体有直接或间接的接触,因此其生化和卫生学指标还需要严格控制。相对城市污水厂二级出水而言,深度处理只需进一步降低水中的 BOD_5 和 COD_{Cr} 的指标即可满足使用条件,达到现行的《城市污水再利用——城市杂用水》（GBT 18920—2002）的要求。

（4）再生水回用于景观用水

在城市中,景观用水主要包括喷泉、人工湖及人工河等的补给水,这些景观水体由于处于不断的更新与流动之中,使用再生水作为补给水源主要是控制嗅觉、色度、浊度等感官指标。城市发展对人居环境的要求不断提高,相应的对水资源的需求量也不断增大,为再生水的回用也提供了一定的空间,其回用方向有三类:第一类是娱乐性景观环境用水,包括娱乐性景观河道、景观湖泊及水景用水;第二类是观赏性景观环境用水,包括观赏性景观河道、景观湖泊及水景用水;第三类为湿地环境用水,包括恢复自然湿地和营造人工湿地用水。

污水作为景观水体的补充用水开展的历史很长,早在 1932 年,美国旧金山世界第一个污水处理厂的出水就是用于补给公园、湖泊的观赏用水。我国北方很多内陆城市的河、湖多为人工建造,受水资源总量的限制,水体更换次数少、水质较差,严重影响到景观水体自身应具备的观赏功能。采用再生水补给这些景观水体可以增加流动性,有效的改善水质状况。

（5）再生水回用于地下水补给

再生水回灌地下水是再生水资源利用的一种重要方式,它可以补充地下水资源不足,防止地面下沉和海水倒灌,调蓄地下水水量,并且对再生水的水质有补充净化的作用。再生水补给地下水是实现水资源可持续利用更为有效的一种方法,有利于生态系统、自净能力遭到破坏的水资源的修复。由于地下水是水资源中极为宝贵的组成部分,与地表水相比,一旦受到污染,其水质恢复的费用极为昂贵、技术难度大且周期很长,因此再生水补充地下水必须以不污染地下水、不引起区域性地下水质恶化、有利于地下水水质改善为原则。

再生水补给地下水在国外已经有较长的历史,美国在 1970 年就开始利用再生水补给地下水用以防止海水入侵和地下水位的下降。1995 年美国加利福尼亚州的200 多个污水处理厂生产 3.3 亿 m^3 的再生水中,有 27%用于地下水回灌。在以色列,再生水回灌地下水占污水再利用总量的 30%左右。同时各国对再生水补充地下水的安全性都十分重视,相应的回灌用水的水质要求或标准都十分严格。

我国再生水回灌利用仍处于试验研究阶段,目前尚无利用再生水回灌的实例。

现阶段研究形成的建议指标主要集中在两大类。第一类是影响补充水渗入量的指标,包括悬浮物(SS)、营养物质(N、P)、有机物和微生物;第二类是影响地下水水质的指标,包括 pH 值、含盐量、氯离子、硫酸根离子、硬度以及细菌、病毒和微生物等卫生学指标。

1.5　中国城市再生水项目实施的意义

再生水以污水处理厂二级出水或者工业废水或者建筑污废水等为原水,经深度处理后被重新利用,污水中的各种污染物经物理、化学及生物化学等方法被分离、去除,水质指标达到了不同的回用标准,其功能上就重新具备了水资源的特点和属性。通过对再生水资源的属性和用途的分析,可以知道,再生水资源同其他资源一样,也就具备了环境效益、经济效益和社会效益。

(1)减少水体对环境的污染

再生水是城市的第二水源。再生水利用是提高水资源综合利用率,减轻水体污染的有效途径之一。合理利用再生水既能减少水环境污染,又可以缓解水资源紧缺的矛盾,是贯彻可持续发展战略的重要措施。污水的再生利用和资源化具有可观的社会效益,环境效益和经济效益,已经成为世界各国解决水资源难题的重要选择途径。

解决城市缺水,要节流先行,充分利用再生水。鉴于再生水具有诸多优点,对其充分利用变得尤为迫切和必要,这也是符合可持续发展规律的。一个城市的发展必须立足于当地的自然条件,即对自然资源的开发利用既要满足当代人的需求,又不危及后代人满足其需要。污水再生回用既可有效节约清洁水资源,又可减轻水污染。

(2)提高社会的经济效益,促进生态的良好发展

再生水是污水经适当处理后,达到一定水质指标,满足某些使用要求,可进行有

益使用的水。再生水具有不受气候影响,不与邻近地区争水,就地可取,稳定可靠,保证率高等优点。再生水的水质指标低于饮用水的水质指标,但高于污染水允许排入地面水体的排放标准。

据统计,城市供水的80%转化为污水,污水经收集处理后,其中,70%的再生水可循环使用,这就意味着,通过对再生水的充分利用,可使城市供水量增加56%左右。对再生水的利用不仅有很好的经济效益,而且,有巨大的生态效益和社会效益。首先,随着城市自来水价格的提高,再生水运行成本的进一步降低,以及回用水量的增大,经济效益将会越来越突出。合理利用再生水能维持生态平衡,有效地保护水资源,改变传统的"开采—利用—排放"的用水模式,实现水资源的良性循环,并能对城市水资源的紧缺起到积极的缓解作用,具有长远的社会效益。此外,对再生水的充分利用还可以清除废水、污水对城市环境的不利影响,净化、美化环境。

我国是一个水资源短缺的国家。近些年来,随着我国经济的快速发展,水资源的紧缺显得日益突出,在城市尤为严峻。水资源短缺致使城市地表水与地下水的可开采空间越来越小,水位逐年下降,某些大城市甚至出现了地面下沉的严重后果,然而,水资源的供求矛盾依然没得到缓解,并且有加剧的趋势。与此同时,污水的排放量还在增加,未经处理或处理未达标的污水直接排放于水体的现象依然存在,还在不断地污染环境,水资源的紧缺已成为制约城市经济发展的瓶颈。普及再生水利用是人类与自然协调发展、创造良好水环境、促进水资源循环利用和城市经济发展的重要举措。许多发达国家对水资源的利用方式已发生重大变化,即从控制水、开发水、利用水转变为以水资源再生为核心的"水的循环再用"和"水生态的修复和恢复",从根本上实现水生态的良性循环,保障水资源的可持续利用。

(3)节约社会能源

城市生活给水的供给以及污水的排放,水体在运输的过程中会消耗大量的能源及其他社会资源。而居民小区是生活用水的主要消耗区域,包括饮用、洗刷、冲厕、绿化、洗车等不同的水质标准用水。而集中市政供水在运输的过程中会消耗大量的能量,同时污水的收集也会消耗大量的能量。而如果采用再生水回用,则可以节约较大的能量。特别是采用分散式再生方式,"就地处理,就近利用",则可以大大节约运输的能量和成本。

(4)缓解用水危机,加快供水循环

再生水回用不仅可以减少水体在运输过程中的能耗,还可以加快供水循环,相应提高水资源系统的供水量。

水量的供应不足,直接导致人们更多地去寻找新的水源和改变用水方式。无论是分散再生水还是集中再生水,都可以加快水循环,从而可有利于缓解水量供应的不足。

第2章　再生水回用的技术和工艺

2.1　国内外再生水回用标准

现在国际上没有统一的再生水回用的标准用来指导再生水利用项目的设计和评估,而各地区和各国主要是根据卫生安全、感官美感和环境耐受及技术经济的可行性的基础上,然后再依据再生水的利用方式、途径进而设定对应的水质标准及相适宜的处理工艺和方法。不同国家在再生水的回用途径分类方面也不尽相同,例如,美国EPA的《污水回用指南2012》(USEPA,2012)将污水再生利用分为城市用水、农业用水、蓄水、环境用水、工业用水、地下水补给和饮用性利用7大类;欧盟目前还没有正式的再生水利用指南或条例,而AQUAREC项目报告将再生水的利用大致分为城市和灌溉用水、环境和水产养殖用水、间接含水层补给、工业冷却用水4类;澳大利亚的《污水处理系统指南:再生水的使用》将再生水用途分为直接饮用水、间接饮用水、城市用水(非饮用)、农业用水、休闲娱乐用水、环境用水、工业用水7大类;日本的《污水处理水的再利用水质标准等相关指南》将再生水的利用分为冲厕用水、绿化用水、景观用水、戏水用水4类;我国的《城市污水再生利用分类》将再生水用途分为城市杂用、景观环境、工业用水、地下水回灌和农业用水5大类。

截至2012底,我国已颁布了1个行业标准、1个污水再生利用工程设计规范、6个推荐性国家标准和1个强制性国家水质标准,具体见表2.1。2013年10月16日国务院新近发布的《城镇排水与污水处理条例》明确提出了"促进污水的再生利用",该条例将于2014年1月1日正式生效,将大大促进我国污水的再生利用。

表 2.1　我国再生水回用的相关政策措施

发布时间	实施时间	发布部门	标准名称	标准类别	水质指标数量	同时废止标准
2002-12-20	2003-5-1	国家质量监督检验检疫总局	《城市污水再生利用分类》(GB/T 18919—2002)	推荐性国家标准	5类	首次发布

发布时间	实施时间	发布部门	标准名称	标准类别	水质指标数量	同时废止标准
2002-12-20	2003-5-1	国家质量监督检验检疫总局	《城市污水再生利用城市杂用水水质》（GB/T 18920—2002）	推荐性国家标准	控制指标13项	《生活杂用水水质标准》（CJ/T 48—1999）
2002-12-20	2003-5-1	国家质量监督检验检疫总局	《城市污水再生利用景观环境用水水质》（GB/T 18921—2002）	推荐性国家标准	基本控制指标14项、选择控制项目50项	《再生水回用于景观水体的水质标准》（CJ/T 95—2000）
2003-1-10	2003-3-1	国家建设部、国家质量监督检验检疫总局	《污水再生利用工程设计规范》（GB/T 50335—2002）	推荐性国家标准	—	首次发布
2005-5-25	2005-11-1	国家质量监督检验检疫总局、国家标准化管理委员会	《城市污水再生利用地下水回灌水质》（GB/T19772—2005）	推荐性国家标准	基本控制项目21项、选择控制项目52项	首次发布
2005-9-28	2006-4-1	国家质量监督检验检疫总局	《城市污水再生利用工业用水水质》（GB/T 19923—2005）	推荐性国家标准	控制指标20项	首次发布
2007-3-1	2007-6-1	国家水利部	《再生水水质标准》（SL 368—2006）	水利行业标准	5类、基本控制指标21/13/15/12/13项	首次发布

我国再生水利用标准中大多都包含 pH 值、SS、BOD、浊度、色度、微生物、余氯等主要控制指标，另外对 TDS、氮磷、阴阳离子以及表面活性剂(LAS)等指标设有限值。

2.2　再生水回用工艺和技术

污水处理通常划分为预处理、初级处理、二级处理和深度处理，而污水再生利用往往都需要经过深度处理才能达到回用标准。深度处理也可称为三级处理，通常定义为二级处理后的进一步处理,其处理工艺主要包括:①过滤;②紫外线处理去除亚硝基二甲胺(NDMA);③硝化;④反硝化;⑤除磷;⑥混凝—沉淀;⑦活性炭吸附;⑧膜技术。

集中再生水项目的原水通常选择城市污水处理厂的二级生化出水,而分散再生水项目的原水通常选用优质杂排水。影响再生水回用工艺的选取和经济性的主要因素就是再生水用途及其相应的水质目标。针对不同水质目标下的再生水回用应选取适宜的处理工艺,而随着再生水质目标的提高,处理程度和成本费用也随之增大。而现在的水处理技术,已经完全有能力把污水直接处理成饮用水。再生水的处理技术主要有膜处理技术、活性炭吸附技术、臭氧氧化技术、光催化技术和流化床技术等等。

2.2.1　膜处理技术

膜技术是近期水处理领域的研究热点。膜分离可以完成其他过滤所不能完成的任务,可以去除更细小的杂质,可去除溶解态的有机物和无机物,甚至是盐。膜分离是指在某种外加推动力的作用下,利用膜的透过能力,达到分离水中离子或分子以及某些微粒的目的。利用电位差的膜法有电渗析和变极电渗析;利用压力差位差的膜法有电渗析的膜法有微滤、超滤、纳滤和反渗透。而在再生水回收项目主要是污废水资源化,在膜处理技术中更多地依据 MBR 技术。

MBR 主要由膜组件和生物反应器两部分构成。大量微生物(活性污泥)在生物反应器内与基质(废水中的可降解有机物等)充分接触,通过氧化分解作用进行新陈代谢以维持自身生长及繁殖,同时使有机污染物降解。膜组件通过机械筛分、截留等作用对废水和污泥混合液进行固/液分离。大分子物质等被浓缩后返回到生物反应器中,从而避免了微生物的流失。生物处理系统和膜组件的有机组合,不仅提高了系统的出水水质和运行稳定性,还延长了难降解大分子物质在生物反应器内的水力停留时间,从而提高了系统对难降解物质的去除效果。

(1)膜处理技术的国内外发展概况

1)MBR 在国外的发展概况

MBR 是随着超滤技术的深入研究和发展而在污水处理领域得到新的开发和利用的,这项技术最早起源于 20 世纪 60 年代的美国。

MBR 在污水处理方面的研究与应用可以分为三个阶段。

①第一阶段(1966 年~1980 年)

1966 年,美国 Dorr-Oliver 公司的 Smith 等人第一次报道了将膜与生物反应器相结合以处理城市污水的方法。该工艺采用一个外部循环的板框式组件来实现膜过滤,出水 BOD 小于 1 mg/L,出水 COD 为 20~30 mg/L,系统处理能力为 10~100 m^3/d。

该项研究的目的在于开发一种比传统活性污泥法结构更为紧凑、出水水质更好的处理工艺。

Dorr-Oliver 公司在 20 世纪 60 年代还开发出了另一种膜处理工艺 MST (membrane sewage treatment)。在该系统中,污水进入悬浮生长的生物反应器内,通过超滤膜组件的抽吸作用而达到连续出水。

1968 年,Smith 进行了使用活性污泥法与超滤膜相结合的 MBR 处理城市污水的研究。1969 年,Budd 等人的分离式 MBR 获得美国专利,这可作为 MBR 用于水处理的标志。1970 年,Hardt 等人采用好氧生物反应器处理合成废水,流程中用一个超滤膜来实现泥水分离,反应器中的 MLSS 浓度高达 30 000 mg/L,膜通量为 7.5L/(m²·h), COD 去除率为 98%。1971 年,Bemberis 等人在一座实际的污水处理厂进行了 MBR 的试验,取得了良好的效果。20 世纪 70 年代初期,在好氧分离式 MBR 的研究进一步扩大的同时,厌氧 MBR 的研究也在相继进行。1972 年,Shelf 等人进行了厌氧 MBR 的试验研究;1974 年,Cruver 等人进行了厌氧 MBR 的中试研究;1977 年,Arika 等人进行了 MBR 的研究,发现用超滤膜代替二沉池可以有效防止污泥膨胀对出水水质的影响,同时发现较高的污泥浓度有较高的耐冲击负荷能力;1978 年,Grethlein 等人进行了厌氧消化池-膜系统处理生活污水的研究,结果表明,反应器对 BOD、NO_x^- 的去除率分别为 90% 和 75%;Hammer(1969)和 Li(1984)等人分别进行了厌氧—膜系统操作的可行性研究,结果表明,厌氧污泥的沉淀性能较差,若想获得高浓度的污泥,提高污泥龄是关键。

这一时期的膜由于受生产技术的限制,渗透通量较小,使用寿命较短,MBR 未能在北美得到商业化应用。

②第二阶段(1980 年~1990 年)

进入 20 世纪 80 年代以后,随着新型膜材料的相继开发、膜制造技术的不断进步以及膜清洗方法的不断改进,MBR 的研究有了很大的进展,一些公司成功地使自己的 MBR 进入了商业化应用。

日本国土面积较小,地表水体径流距离较短而导致其自净能力较差,生态系统脆弱,易受到污染。MBR 由于占地面积较小且出水水质优良,得到了日本 Sanki Engineering 的应用许可。自 1983 年~1987 年,日本相继有 13 家公司使用好氧 MBR 处理大楼污水,处理能力为 50~250 m³/d,出水作为中水回用。自 1985 年~1990 年,日本建设省制定了"Aqua Renaissance'90"研究计划,该计划耗资总额高达 118 亿日元,目的是把高技术应用于水处理。从高效、节能的角度出发,通过小试、中试,最后进入到生产性试验,研制出了处理 7 类污水的 MBR 系统,其中包括酒精发酵废水处理系统(5 m³/d)、淀粉厂废水处理系统(5 m³/d)、造纸厂废水处理系统(10 m³/d)、油脂以及蛋白质厂废水处理系统(7.5 m³/d)、小规模城市污水处理系统(10 m³/d)、粪便处理系统(0.5 m³/d)和大规模城市污水处理系统(20 m³/d)。

20 世纪 80 年代初,Thetford 公司将 Cycle-Let 工艺用于更大规模的污水处理,如大型办公楼、运动区、商业中心、工业区等,这些地方都要求对冲洗水进行回用以减少污水的排放。日本的三井石化公司采用活性污泥法与平板膜相结合,直接处理未经稀释的高浓度粪便污水,取得了良好的效果。用于处理大楼生活污水时,该工艺不仅能够很好地去除 COD 和 BOD,而且还能够有效地去除细菌,出水可以直接作为草地喷洒水、楼房中水道用水和汽车冲洗水。

1982 年,Dorr-Oliver 公司采用膜厌氧反应器(MARS)处理高浓度食品废水。与此同时,英国采用超滤膜和微滤膜研制出了 2 套污水处理工艺,其概念在南非得到进一步发展并最终形成了厌氧消化超滤工艺(ADUF)。

1988 年,Yamamoto 等人将中空纤维膜组件直接置于活性污泥反应器中,开发出了一体式 MBR 新工艺,将 MBR 的能耗大大降低。自此以后,MBR 在结构形式上可分为分置式和一体式两种。与此同时,Zenon 公司为了减少泵的能耗,开发出了 Zee-Weed 淹没式中空纤维膜组件,并于 1993 年使之进入商业化应用。

20 世纪 80 年代末和 90 年代初,Zenon 公司将美国 Dorr-Oliver 公司早期在工业污水领域的研究进一步深入,成功研制出了 Zenon-Gen、PermaFlow Z-8 等系列工艺,尤其是形成了 ZW-145、ZW-500、12 件组合 ZW-150、8 件组合 ZW-500 等一系列产品,大大推动了 MBR 技术的市场化进程。

③第三阶段(1990 年至今)

20 世纪 90 年代以后,国际上对 MBR 在生活污水、工业废水以及饮用水等方面的处理进行了大量的研究,对 MBR 研究的广度和深度都在不断拓展,MBR 进入了快速发展阶段。1990 年,Chiemchaisri 等人进行了中空纤维膜——生物反应器中试规模的研究。1991 年,Livingston 采用选择性高分子憎水硅橡胶制成了萃取 MBR,即隔离式 MBR。同年,Brook 和 Livingston 采用该工艺进行了 3-氯硝基苯及硝基苯的降解并取得了良好的处理效果。而 Freitas 和 Livingston 则使用该工艺对有毒、易挥发的 1,2-二氯乙烷进行了处理。1992 年,Chiemchaisri 等人采用 MBR 工艺处理生活污水,结果表明,系统出水水质优于传统二级处理后再经消毒的水。1992 年,Chand. J 采用 MBR 进行了饮用水脱氮的研究。1993 年,Krarth 采用 MBR 进行了脱氮的研究。1993 年,Harada 采用 MBR 进行了高效氨氮硝化的研究。1994 年,Trouve 等人将无机膜生物反应器工艺运用至巴黎的 Aubergenville WWTP 以处理城市废水,处理能力为 1840m³/d,结果表明,该工艺对 SS、BOD 的去除率大于 99.9%,对 COD 的去除率大于 96%,对 NH_4^+-N 的去除率大于 97%。1996 年,Kobayashi 等人采用带电聚丙烯腈超滤 MBR 处理蛋白胨合成废水,结果表明,正电膜的过滤性能优于负电膜。1997 年,Scott 等人采用 MBR 工艺处理冰激凌厂废水并促进曝气取得成功。

2) MBR 在国内的发展概况

MBR 在我国的应用研究首先是从循环式 MBR 开始的。1991 年,岑运华把 MBR 在日本的研究情况进行了介绍。1993 年,上海华东理工大学环境工程研究所对 MBR 处理人工合成污水以及制药废水的可行性进行了研究。同年,中国科学院环境工程研究中心王菊思对 MBR 进行了研究。1995 年,樊耀波采用 MBR 处理石油化工污水,并成功研制出了一套实验室规模的好氧分离式 MBR,该工艺对石油化工污水中 COD、BOD_5、SS、浊度、石油类的去除率分别为 78%~98%、96%~99%、74%~99%、98%~100%、87%。

近年来,MBR 的处理对象不断得到拓展。1997 年,邢传宏采用无机膜——生物反应器处理生活污水,考察了 MBR 在不同 SRT 下的处理效果,进行了膜堵塞及清洗的研究。1998 年,管运涛进行了两相厌氧 MBR 工艺的研究,结果表明,该工艺对 COD 的去除率为 95%,对 SS 的去除率超过 92%,酸化率为 60%~80%,气化率为 80%~90%。1999 年,吴志超采用 MBR 处理 COD 浓度高达 3 000~12 000 mg/L 的巴西基酸生产废水。2000 年,王连军采用无机膜——生物反应器处理啤酒废水。顾平等人采用 MBR 处理生活污水,试验结果表明:系统出水悬浮物为零,细菌总数优于饮用水标准,COD 和氨氮去除率均高于 95%,出水可直接回用。

(2) MBR 的分类

MBR 的分类方法有很多,这里主要是按照反应器的构造方式、膜组件的性质以及生物降解类型来分类。

1) 按反应器的构造方式分类

按照构造方式来分,目前在市场上应用的 MBR 主要有两种,一种是循环式,另一种是淹没式。

① 循环式 MBR

如图 2.1 所示,在循环式 MBR(recirculated membrane bioreactor, RMBR)中,膜组件安置在曝气池的外部,因此该形式的反应器又被称为分置式 MBR。

循环式 MBR,通常采用加压型过滤,加压泵从生物反应器内抽水并压入膜组件中,滤后水排出系统,浓缩液回流至生物反应器中。

循环式 MBR 具有以下特点:

Ⅰ. 膜组件和生物反应器各自分开、独立运行,因而相互干扰较小,易于调节和控制。

Ⅱ. 膜组件置于生物反应器之外,易于清洗和更换。

Ⅲ. 膜组件在有压条件下运行,膜通量较大,且加压泵产生的工作压力在膜组件承受压力范围内可自由调节,从而可以根据需要自由调整膜通量。

Ⅳ. 由于采用加压泵,分置式 MBR 的动力消耗较大。

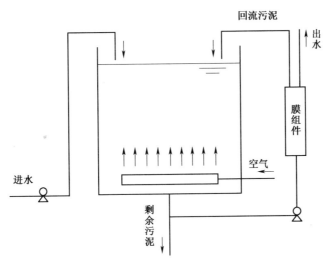

图 2.1　循环式 MBR 工艺流程图

Ⅴ. 生物反应器中的活性污泥始终都在加压泵的作用下循环,某些微生物菌体经过加压泵时会在叶轮的高速旋转而产生的剪切力下产生失活现象。

循环式 MBR 由于具有结构紧凑、占地面积小、膜组件易于清洗等优点,目前在工业废水的处理中应用较为广泛。其缺点是动力费用过高,每吨出水的能耗为 2 ~ 10 kW·h,约为传统活性污泥法能耗的 10~20 倍,因此,能耗较低的淹没式 MBR 逐渐引起了人们的关注。

②淹没式 MBR

淹没式 MBR(submerged membrane bioreactor,SMBR),又称为一体式 MBR。该工艺由 K. Yamamoto 于 1989 年首次报道,其结构特点是将膜组件直接浸没于曝气池中,如图 2.2 所示。在这种工艺中,混合液在跨膜压差的作用下流入膜组件,在膜的过滤作用下,污泥被截留在膜表面,而滤后水自膜组件中流出。曝气头一般安装在膜组件的下方。曝气有两种功能,一是为生化反应提供充足的溶解氧,二是提供上升气泡冲刷膜表面以控制膜污染。

由于能比循环式 MBR 节省更多的能耗,淹没式 MBR 近年来逐渐成为了研究的热点,目前在城市污水的处理中应用较为普遍。

1999 年,Ueda 等人在淹没式 MBR 的基础上开发出了重力自压流淹没式 MBR,并进行了中试规模的试验,试验装置如图 2.3 所示。很明显,与采用泵抽吸的淹没式 MBR 相比,该工艺能节省更多的能耗。

淹没式 MBR 的主要特点有:

Ⅰ. 由于膜组件置于生物反应器中,系统的占地面积较小。

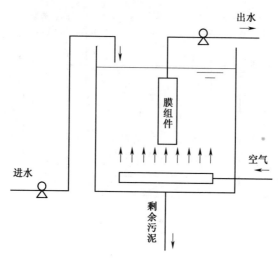

图 2.2　淹没式 MBR 工艺流程图

Ⅱ. 采用抽吸泵或真空泵抽吸出水,能耗远远低于循环式 MBR。相关数据表明,淹没式 MBR 每吨出水的能耗为 $0.2 \sim 0.4 \ kW \cdot h$,约是循环式 MBR 的 $1/10$。若采用重力出水,则可完全省去这部分费用。

Ⅲ. 淹没式 MBR 不使用加压泵,因此,可避免微生物菌体因受到剪切而失活。

Ⅳ. 与循环式 MBR 相反,淹没式 MBR 中膜的清洗及维护较为困难。

Ⅴ. 淹没式 MBR 的膜通量低于循环式 MBR。

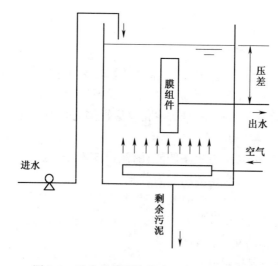

图 2.3　重力自压流淹没式 MBR 工艺流程图

淹没式 MBR 源于日本,主要用来处理生活污水和粪便污水。近年来,欧洲一些国家也开始热衷于它的研究和应用(表 2.2)。

表 2.2　淹没式 MBR 在欧洲的研究

项目	德国	德国	英国	法国
膜组件形式	中空纤维膜	板式膜	板式膜	中空纤维膜
膜孔径	0.2 μm	0.4 μm	0.4 μm	20 000 Daltons
膜面积(m^2)	83.4	80	160	12
反应器容积(m^3)	4.1(硝化) 2.8(反硝化)	6.3(硝化) 2.75(反硝化)	15.5	0.65(硝化) 0.25(反硝化)
曝气量(m^3/h)	138	8	142	—
过滤压力(kPa)	30	10	—	—
膜通量[$L/(m^2 \cdot h)$]	16	20	21	—
MLSS(g/L)	12~18	12~16	16	15~25
污泥龄(d)	15~20	20~25	45	—
进水 COD(mg/L)	200~300	200~300	300~800	290~720
出水 COD(mg/L)	<20	<20	61	13~16
进水 NH_4^+-N(mg/L)	40~60	40~60	30~70	22.3~50
出水 NH_4^+-N(mg/L)	5	未检出	5	1.6~3.2

2)按膜组件性质分类

①膜的材料

按材质来分,膜可分为有机膜和无机膜两大类。有机膜由于膜组件形式多、孔径范围广且制造成本相对便宜,目前应用范围最广,但这种膜在运行过程中易受到污染,寿命较短。常用的亲水性有机膜有聚醚砜(PES)、磺化聚砜(SPS)、聚酰胺(PA)、聚丙烯腈(PAN)、聚偏氟乙烯(PVDF)等。

无机膜具有耐高温、耐强酸强碱和有机溶剂、机械强度高、耐微生物侵蚀、孔径分布窄、能在恶劣的环境下工作、抗污染能力强、寿命长等特点,从膜材料的本身性能而言,更适用于污水的处理。但由于组件较重,运行能耗和制造成本相对较高,目前应用较少。

②膜的性质

按照膜的性质可分为亲水性和憎水性两大类。由于有机聚合膜应用较多,一般认为对于膜与有机组分为主的活性污泥之间的表面能应越低越好,即选择亲水性膜。亲水性的提高可以减少膜与蛋白质之间的接触和非定向结合,从而能够减少污染物质,尤其是能够减少生物污染物质。

③膜组件的结构

膜组件按照结构来分,可分为中空纤维式和卷式两种,其余的结构形式在 MBR 中应用的较少。

(3)按生物降解方式分类

为了适应不同的处理需求,在 MBR 中可选用不同的生物反应器工艺与膜进行组合。根据这些生物反应器有无供氧,可将 MBR 分为好氧 MBR 和厌氧 MBR 两类。

好氧 MBR 一般用于易降解有机废水的处理,如城市污水的处理等;而厌氧 MBR 一般用于工业废水的处理。

(4)MBR 的优点

MBR 与活性污泥法非常相似,所不同的只是前者采用膜过滤的方式出水。由于膜的加入,与活性污泥法相比,MBR 具有很多优点。

1)污染物去除特性

由于采用膜分离技术来实现泥水分离,活性污泥可以被完全截留在反应器内,因此 MBR 可保持较高的污泥浓度(可高达 $20\sim35$ g/L)。而生化反应速率又与反应物浓度密切相关,反应物浓度越高,反应速率则越大,MBR 的体积负荷可达 5 kg $COD/(m^3 \cdot d)$。

MBR 既可用于处理高浓度、难降解的有机工业废水,又可用于处理生活污水和一般工业废水。J. K. Shim 等人的试验结果表明,在进水 COD 浓度为 $900\sim1\ 600$ mg/L、TN 浓度为 $50\sim600$ mg/L 的情况下,淹没式 MBR 对 COD 的去除率为 98%,对氨氮的去除率为 95%。M. H. Al-Malack 的试验结果表明,MBR 对 COD 的去除率为 $80\%\sim98\%$。T. Ueda 对淹没式 MBR 去除 BOD、TOC、TN 及 TP 的效果进行了研究,结果表明,MBR 对上述各指标的去除率分别为 99%、93%、79% 和 74%。G. Belfort 认为,对于采用超滤膜的 MBR,其出水甚至可以去除细菌和病毒,出水可以直接回用。

其他学者也对 MBR 进行了相关的研究(表 2.3)。

表 2.3　MBR 的去除效果及出水水质

项目	去除率(%)	出水水质
TSS(mg/L)	>99	<2
浊度(NTU)	$98.8\sim100$	<1
COD(mg/L)	$89\sim98$	$10\sim30$
BOD(mg/L)	>97	<5
NH_4^+-N(mg/L)	$80\sim90$	<5.6
总大肠菌群(CFU/100 mL)(g)	$5\sim8$	<100
粪大肠菌群(CFU/100 mL)	—	<20

2）抗冲击负荷特性

MBR 对水力负荷、有机负荷变化的适应能力极强。由于膜的高效截留作用，活性污泥可以被完全截留，实现了反应器内水力停留时间（HRT）和污泥停留时间（SRT）的完全分离，使得整个反应器的运行控制更为灵活。因此，MBR 不必考虑当系统水力负荷和有机负荷发生变化时传统水处理工艺中容易出现的污泥膨胀等问题。

3）操作运行特点

由于 MBR 具有较高的体积负荷，处理生活污水时 HRT 可缩减至 2 h，反应器的容积可大大缩小。同时，由于省去了二沉池、滤池以及相关辅助设备，MBR 工艺流程短，占地面积小，设备紧凑，运行方式较为简便。

在传统的活性污泥法中，由于在运行过程中经常会出现波动和不稳定，为了确保出水水质，必须对运行管理投入大量的人力、物力以及财力。而 MBR 由于采用了膜分离技术，省去了污泥分离设施，用微机就可以很容易的实现系统的全程自动化控制。Zenon 公司的经验表明，采用自控系统和远程电话预警系统后，MBR 系统只需每周 1~2 次、每次 2~3 h 的维护即可实现正常运行。

由于可以很好的保持水中的污泥浓度，在反应器运行初期没有排泥，因此能够迅速的提高系统内的污泥浓度，整个 MBR 系统启动速度快，水质可以很快达到要求。

另外，由于 HRT 与 SRT 相分离，SRT 可控制在较高的水平（一般情况下会超过 20 d）。因此，反应器可以在高容积负荷、低污泥负荷、长泥龄的情况下运行，完全可以实现在较长周期内（6 个月或更长时间）不排泥或少排泥，污泥的处理和处置费用因而会大大降低。Urbain 发现用好氧 MBR 处理 COD 在（488±143）mg/L 范围的生活污水时，污泥产率为 0.23 kg SS/kg COD，低于常规活性污泥工艺的 0.3~0.5 kg SS/kg COD。Muller 认为当 MLSS 的浓度达到 40~50 g/L 时，剩余污泥难以产生。Eikelboom 采用 MBR 处理生活污水时，污泥产量为零，不用排泥。表 2.4 为不同废水处理工艺污泥产生量的比较。

表 2.4　不同废水处理工艺污泥产生量的比较

处理工艺	污泥产生量（kg/kg BOD）	处理工艺	污泥产生量（kg/kgBOD）
淹没式 MBR	0~0.3	传统活性污泥法	0.6
结构介质生物曝气滤池	0.15~0.25	颗粒介质生物曝气滤池	0.63~1.06
滴滤池	0.3~0.5		

（5）MBR 的缺陷——膜污染

1）膜污染的定义

在 MBR 中，由于膜处于由有机物、无机物及微生物等复杂组成的混合液中，特别是生物细胞具有活性,有着比物理过程、化学过程更为复杂的生物化学反应,因此,膜污染是一个极其复杂的过程,其机理目前尚不完全清楚。

膜污染是指处理料液中的微粒、胶体粒子以及溶质大分子等由于与膜存在着物理、化学或机械作用而引起在膜表面或膜孔内部吸附、沉积,造成膜孔变小或堵塞,使得膜通量减小的现象。它主要包括两个方面:①污染物质在膜表面或膜孔内的吸附或在膜孔内的不可逆堵塞。②膜的浓差极化。

膜污染可以按照污染物的位置和污染物的来源进行分类:①按照污染物的位置划分,膜污染可分为膜附着层污染和膜孔堵塞、膜流道堵塞。在附着层中,发现有悬浮物、胶体物质以及微生物形成的滤饼层,溶解性有机物浓缩后黏附的凝胶层,溶解性无机物形成的水垢层,而特定反应器中膜面附着的污染物随试验条件和试验水质的不同而不同。膜堵塞是由于上述料液中的溶质浓缩、结晶及沉淀导致膜孔和膜的流道产生不同程度的堵塞。②按照污染物的来源划分,膜污染可分为有机、无机和颗粒污染。不同料液、操作方式和膜组件形式的反应器中,占主导地位的污染物不尽相同。K. H. Choo 等研究厌氧 MBR 后发现,发酵液中微细胶体是导致膜污染的主要物质。Choo 等发现,金属及非金属离子与细胞物质在膜表面共同作用会形成致密的滤饼层,在这里无机污染占主导。有机污染主要包括有机大分子和生物物质的污染。相关研究表明,胞外多聚物(extracellular polymeric substances, EPS)是导致膜污染的主要物质。

膜通量随运行时间下降的经典曲线如图 2.4 所示。

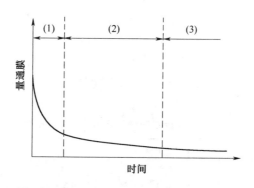

图 2.4　膜通量随运行时间下降的三个阶段
(1)过滤初期膜通量迅速下降;(2)继续运行膜通量逐渐下降;(3)过滤后期膜通量趋于稳定

试验中以纯水为原水,阶段(1)为纯水过滤初期膜通量的迅速下降;阶段(2)为随着过滤的继续进行,膜通量随时间的延长而缓慢下降;阶段(3)为膜通量最终趋于稳定。不管操作条件如何,阶段(2)一般都能被观测到。然而,由于某种原因,阶段(1)和(3)在某些试验中不易被发现。例如,当跨膜压差足够高或者原水中的污染物质浓度足够低时,即使膜组件运行相当长的时间,膜通量也不易稳定下来。

过滤初期膜通量的迅速下降主要是由于膜孔的迅速堵塞而引起的。过滤刚开始时,由于所有的膜孔未被堵塞,此时的膜通量最大。随着过滤的进行,膜孔被污染物质堵塞,膜通量下降。与滤饼层的形成相比,膜孔堵塞的过程非常快,因为仅仅薄薄一层的膜孔堵塞就足以产生非常大的膜孔阻力。

阶段(2)中膜通量的下降主要是由于滤饼层的形成并不断加厚而引起的。滤饼层的形成会增加过滤时的阻力,因此,随着过滤时间的延长,膜通量逐渐下降。

2)膜污染的成因

导致膜污染的原因有很多,概括起来主要有以下几种:

①膜的性质

膜的性质主要是指膜材料的物化性能,如由膜材料的分子结构决定的膜表面的电荷性、憎水性、粗糙度、膜孔径大小等。

Nakao 等人发现与膜表面有相同电荷的料液能有效改善膜表面的污染状况,提高膜通量。Reihanian 等人在对膜分离蛋白质的研究中发现,憎水性膜对蛋白质的吸附小于亲水性膜,因此能获得相对较高的膜通量。易受蛋白质等污染的膜有聚砜膜等,而具有憎水性质的聚丙烯腈膜和聚烯烃膜等受到的污染程度则较轻。

膜孔径对膜通量和过滤过程的影响,一般认为存在一个合适的范围。相对分子质量小于 300 000 时,随着截留相对分子质量的增大,即膜孔径的增加,膜的通量增大;大于该截留相对分子质量时,膜通量变化较小。而膜孔径增加至微滤范围时,膜的通量反而减少,这与细菌在微孔内造成的不可逆堵塞有关。Shoji 等人认为,膜表面粗糙程度的增加使膜表面吸附污染物的可能性增加,但同时另一方面也增加了膜表面的搅动程度,阻碍了污染物在膜表面的形成,因而粗糙度对膜通量的影响是两方面效果的综合体现。

②料液性质

料液性质主要包括料液固形物及其性质、溶解性有机物及其组成成分,此外料液的 pH 值等亦会影响膜污染程度。Magara 和 Itoh 认为,污泥浓度过高对膜分离会产生不利影响,并得出了膜通量与 MLSS 的对数呈线性下降关系的结论,其他研究者也证实了这一观点。Pane 等人用 PM30 聚砜膜超滤 0.1% 牛血清蛋白,结果表明,在等电点时的蛋白质吸附量最高,膜的透水率最低。

③膜分离的操作条件

膜分离的操作条件主要包括:操作压力、膜面流速和运行温度。对于压力,一般认为会存在一个临界压力值。当操作压力低于该值时,膜通量随压力的增加而增加;当操作压力高于该值时则会引起膜表面污染的加剧,膜通量随压力的增加变化不大。

膜面流速的增加可以增大膜表面水流的搅动程度,从而可以改善污染物在膜表面的积累,提高膜通量。其影响程度根据膜面流速的大小和水流状态(层流或紊流)而异。然而,Devereux 等人发现,膜面流速并非越高越好,膜面流速的增加使得膜表面污染层变薄,有可能造成不可逆污染。

升高温度会有利于膜的过滤分离过程。Maga-ra 和 Itoh 的试验结果表明,温度每升高 1 ℃可引起膜通量变化 2%。他们认为,这是由于温度变化引起料液黏度的变化所致。

3)膜污染的控制措施

①对料液进行有效处理

对料液(原水)进行有效的预处理,以达到膜组件进水的水质标准,如采用预絮凝、预过滤或改变溶液 pH 值等方法,以去除一些能与膜相互作用的物质。另外,也可以向反应器内投加某种吸附剂,例如粉末活性炭(PAC)等,以改善料液的特性,减小过滤阻力,提高膜通量。

②选择合适的膜材料

膜的亲疏水性、荷电性会影响到膜与溶质间的相互作用大小,通常认为亲水性膜及膜材料电荷与溶质电荷相同的膜耐污染能力较强。有时为了改进疏水性膜的耐污染性,可用对膜分离特性不产生影响的小分子化合物对膜进行预处理,如采用表面活性剂,在膜表面覆盖一层保护层,从而可以减少膜的吸附。但由于表面活性剂是水溶性的,且靠分子间弱作用力与膜粘接,所以很容易脱落下来。为了获得永久性耐污染特性,人们常用膜表面改性方法引入亲水基团,或用复合膜手段复合一层亲水性分离层,或采用阴极喷镀法在膜表面镀一层碳。

③选择合适的膜结构

膜结构的选择,对于防止膜污染的产生也很重要。对称结构的膜比不对称结构的膜更容易受到污染,这是因为对称结构的膜,其弯曲孔的表面开口有时会比内部孔径大,这样进入膜孔的颗粒杂质往往会被截留在膜中,不易被去除。而不对称结构的膜,杂质主要被截留在膜表面,不易在膜内部堵塞,容易被清洗去除。

④改善膜面流体力学条件

改善膜面附近料液侧的流体力学条件,例如提高进水流速或采用错流等方法,减少浓差极化,使被截留的溶质能够及时地被水流带走。

⑤采用间歇操作的运行方式

对于一体式 MBR,当膜组件工作一段时间后,膜的过滤阻力会急剧上升,说明膜组件的连续工作时间不能超过一定的范围,否则就会造成膜的快速污染。因此,膜组件在工作一定时间后,应停止出水并进行空曝气,以减轻膜的污染。

T. C. Schwartz 等人认为,采用抽吸 8 min、停止 2 min 的方式运行膜组件,可以使膜得到较好的"休息",能够有效地抑制膜污染。

⑥开发耐污染膜

防止膜污染的最根本和最直接的途径是研制、开发耐污染性更强,尤其是能够很好地耐生物污染的膜,这是当今世界越来越受关注的课题,是膜技术的发展方向之一。目前,该方向的研究重点主要集中在表面改性领域。

⑦其他

在膜组件的设计中,还应当注意减少设备结构中的死角和死空间间隙,以防止滞留物在此变质,扩大膜污染。为防止微生物、细菌及有机物的污染,应经常使用消毒剂,如氯试剂等进行清洗。如果膜长期停用(5 d 以上)或长期保养时,设备应用体积分数为 0.5%的甲醛溶液浸泡。膜的清洗保养中的最佳原则是不能让膜变干。膜的保存也要针对不同的膜采取不同的方法。如聚砜中空纤维膜必须在湿态下保存,并以防腐剂浸泡。另外,根据水质和水处理的要求,应注意选择适当的膜材料。

4)膜污染后的清洗

①物理清洗

一般是指水力学清洗,例如机械擦洗、反洗等。水力学清洗的主要方法是反洗,例如水反冲法和气水反冲膨胀法。因为水洗方法无化学品引入,所以该方法最为经济。对于耐热性较好的膜,采用高温水洗的效果较好。

对于管式超滤膜,把具有弹性的聚氨基甲酸酯类聚合物制成多孔性小球,使之在管内循环移动,利用小球与膜的摩擦和物理冲击作用去除沉积物。该方法操作简便,效果明显,但是摩擦会对膜面的完整性和膜的性能产生不利影响。

反洗是指从膜的透过侧吹气体或液体,将膜面堆积物除去的方法;外部加压是指用 0.1 MPa 的压缩空气或带压液体逆洗;内部抽吸是指周期性的将膜外侧(滤液侧)的空气或液体吸入到膜内侧(滤饼侧)进行逆洗。进行反冲洗以后,跨膜压差暂时会有所下降,但运行一段时间后会迅速上升,且反冲洗水量和反冲洗压力若过大,可能会对膜结构造成破坏,故对反冲洗还需进一步研究。

近年来,电场过滤、脉冲电解、脉冲清洗以及电渗透反冲洗等方法相继出现,均取得了较好的效果。

②化学清洗

化学清洗通常是使用化学清洗剂,如稀酸、稀碱、表面活性剂、酯、络合剂、氧化剂等对膜进行清洗。不论对哪种污染,化学清洗都是最为有效的方法。选用酸类清洗剂,可以去除一些金属离子污染物;而使用碱性清洗剂,可以有效去除有机物、二氧化硅及生物污染物质;表面活性剂和螯合剂可以去除牢固附着的物质,但造价较高;对于蛋白质污染较为严重的膜,采用含质量分数为 0.5%的蛋白酶的 0.01 mol/L NaOH 溶液清洗 30 min 可以有效地恢复膜通量;在某些应用中,如多糖等,可用湿水浸泡清洗。

有一点需要特别注意的是,对于不同种类的膜,选择化学剂时一定要慎重,以防止化学清洗对膜的损害。

2.2.2 其他再生水处理工艺

(1)活性炭吸附

活性炭外观为暗黑色,具有良好的吸附性能,其化学性质稳定,耐强酸强碱,耐高温,密度比水小,是一种多孔的疏水性吸附剂。

活性炭的吸附形式分为物理吸附与化学吸附。物理吸附是通过分子力的吸附,即同偶极之间的作用和氢键为主的弱范德华力有关。它有足够的强度,可以捕获液体中的分子。物理吸附是分子力引起的,吸附热较小。物理吸附需要活化能,可在低温条件下进行。这种吸附是可逆的,在吸附的同时,被吸附的分子由于热运动会离开固体表面,这种现象称为解吸附。化学吸附与价键力相结合,是一个放热过程。化学吸附有选择性,只对某种或几种特定物质起作用。化学吸附不可逆,比较稳定,不易解吸。

活性炭的吸附过程分为三个阶段。首先是被吸附物质在活性炭表面形成水膜扩散,称为膜扩散,然后扩散到炭的内部孔隙,称为孔扩散,最后吸附在炭的孔隙表面上。因此,吸附速率取决于被吸附物向活性炭表面的扩散。在物理吸附中,炭粒孔隙内的扩散速度和炭粒表面上的吸附反应速度,主要同前两项有关。

(2)臭氧氧化

臭氧在常温常压下是一种不稳定、具有特殊刺激性气味的模蓝笆气体,且具有极强的氧化性能,在酸性介质中氧化还原电位为 2.07 V,在碱性介质巾为 1.27 V,其氧化能力仅次于氟,高于氰和高锰酸钾。基于臭氧的强氧化性,且在水中可短时间内自行分解,没有二次污染,因此是理想的绿色氧化药剂。

臭氧具有卓越的杀菌消毒作用,是由于臭氧能够渗入生物细胞壁,影响其中的物质交换,使活性强的硫化物基因转变为活性弱的二硫化物的平衡发生移动,微生物有机体遭到破坏而致死。臭氧对过滤型病毒及其他病毒、芽泡等具有较强的杀伤力。臭氧能氧化多种无机物和有机物,使有毒物质转变为无毒物质。臭氧可以直接发生氧化反应,或通过·OH 自由基反应。

臭氧在水处理中主要用于水的消毒。近年来,针对常规处理所不能奏效的微量有机污染问题,臭氧越来越多地被用于前驱物质去除、水的除臭脱色和病原性寄生虫(如贾第虫、隐孢子虫)的去除。用臭氧处理污水并进行消毒、除臭、脱色,可降解和去除水中的毒害物质,如酚、砷、氰化物、硫化物、硝基化合物、有机磷农药、烷基苯磺酸盐、木质素以及铁、锌、锰、汞等金属离子。对污水中的大肠杆菌、致癌物质同样有杀灭去除的显著功能,使超标的 BOD、COD、TOC 得到有效改善。

（3）光催化技术

在自然界有一部分近紫外光（190~400 nm）易被有机污染物吸收,在有活性物质存在时会发生光化学反应使有机物降解。天然水体中存在大量活性物质,如氧气、亲核剂 OH 及有机还原物质,因此河水、海水发生着复杂的光化学反应。光降解即指有机物在光作用下,逐步氧化成 CO_2、H_2O 及 NO_2、Cl^- 等。光化学反应经常有催化剂参与反应,这就是光催化氧化。由于可利用自然光作能源解决污染治理,这一技术一开始就受到广泛关注,并获得迅速发展,近十几年应用于水处理领域。

（4）流化床

流化床在水处理工艺中是固液分离处理技术,通过加药混凝吸附或者滤料过滤吸附而达到水处理的目的。主要有流化床的物化和生化自我造粒的机理和应用研究。

2.3　分散再生水项目应用实例

（1）再生水项目实施的工程概况

分散再生水项目应用于西安市某高档社区（图 2.5）,其绿树成荫、清水环绕,而其中房地产的价格也较大幅度地高于周围的房地产价格。景观湖水面积为 6 549 m^2,平均水深 0.5 m,景观湖中有喷泉、楼台亭榭。再生水水源主要来自小区住宅楼 38~43 栋建筑的除粪便污水之外生活杂排水及社区景观湖水,再生水主要用于水景循环及补充、小区绿地喷灌、道路浇洒、洗车等用水。再生水从经济和技术的综合角度出发,采用"高效造粒流化床技术"和"一体化自动排渣高效气浮设备",进行景观水和优质杂排水的再生回用。系统设计处理流量为 325 m^3/d,该小区为高档新建社区,现场检测杂排水平均流量为 116.2 m^3/d。因而景观水循环流量在可控范围内调整为 210 m^3/d。水质排放指标依据为《城市污水再生利用城市杂用水水质》（GB/T 18920—2002）和《景观生态用水水质标准》（GB/T 18921—2002）。

（2）再生水项目的工艺说明

六栋楼的杂排水通过收集,经过细格栅设备过滤,进入杂排水池,过多的水可以通过小区前溢流井进入市政污水系统集中处理。杂排水通过泵送加药进入高效造粒流化床,中部设有污泥回流和污泥排放装置,均通过微电脑设置排放时间和回流时间。上层的澄清水进入调节池,汇合景观水加药后进入自动排渣高效气浮设备。该设备可以去除污水中的油类（主要是浮油和乳化油）和部分胶体类污染物,可以进行臭氧的高级氧化作用、消毒作用,并把浮渣通过压力送进污泥池。调试中先投加聚合铝,按 20~30 mg/L;再投加聚丙烯酰胺,按 5~10 mg/L,用计量泵进行投加。

出水口的指标见表 2.5。

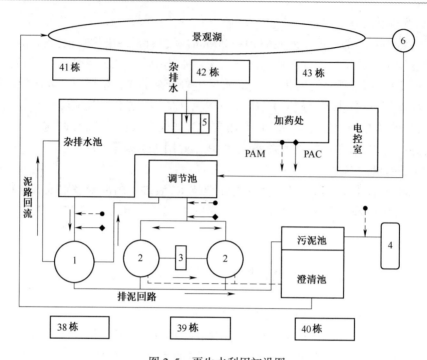

图 2.5 再生水利用初设图

1—高效造粒流化床;2—自动排渣高效气浮设备;3—臭氧发生器;4—泥饼压缩机;
5—细格栅设备;6—提升泵井

表 2.5 再生水项目的出水指标监测

指标	pH	BOD₅	浊度	溶解氧	总磷	总氮	氨氮	粪大肠菌群	色度	石油类	阴离子表面活性剂
		mg/L	NTU	mg/L	mg/L	mg/L	mg/L	个/L	度	mg/L	mg/L
数值	7~8	2.5 ~ 4.6	1.6 ~ 2.6	2.1 ~ 2.8	0.01~ 0.04	1.7 ~ 8.4	1.1 ~ 2.6	0~1	10.2 ~ 22.4	0.2 ~ 0.8	0.1 ~ 0.5

通过对比 GB/T 18921—2002,表 2.5 的出水水质指标已经完全达到娱乐性景观环境的用水标准。同时,对照 GB/T 18920—2002,能够满足道路清扫、城市绿化的用水标准。通过按标准规定的测量要求,加测溶解性总固体、铁、锰三项指标,均能满足车辆冲洗的水质标准。

该小区是西安市高档社区的二期工程,具有大量的绿化面积,仅六栋楼的绿化面积就有 6 388 m²,有四个洗车店,基本每家住户都拥有一辆私家车,小区的绿化和娱乐水景也提高了该小区的新一期房屋的房价;同时,该小区在夏天要比城区的平均温度低 1~2 ℃,具有使人身心愉悦的氛围。诚然,随着该小区入住率的提高,系统将发挥更大的经济效益和社会效益。

第3章　用水项目的评价方法与可持续发展

随着水业的发展,水概念的延伸,水质量的提高和用水资源思维的解放,其用水项目的评价和可持续发展研究,也越来越被人们所重视。

3.1　用水项目的评价方法

用水项目的经济评价主要有经济评价、生态环境影响评价和可持续性评价。

(1)经济评价

1)财务评价

以资金的时间价值为基础,通过资金的盈利能力来评价项目。财务评价是站在企业的角度,以利润多少为出发点进行的评价。财务评价以货币价格为评价基础,通过动态方法,采用内部收益率(IRR)、经济效益费用比(E/C)、投资回收期、净现值(NPV)、净现值率(NPVR)等对项目进行经济评价。

2)国民经济评价

以收益和费用的对比为基础,通过二者的比较来进行国民经济评价。国民经济评价是以社会的角度来进行的评价。

国民经济评价以影子价格为基础,主要采用动态方法,评价指标包括经济内部收益率(EIRR)、经济净现值(ENPV)、经济效益费用比(EBCR)、经济净现值率(ENPVR)对项目进行评价。

(2)生态环境影响评价

1)水项目能量消耗评价

以能量消耗的多少为评价基础,或以整个项目的生命周期所消耗的能量为评价基础,或者以生产项目所消耗的能量转换为太阳能进行的评价。

2)水环境水质评价

通过水体中的检测指标,来评价水环境中水质或者富营养化程度。其评价方法主要有:

①单因子评价法

以一种污染最重指标的权重为100%,没有考虑全部因子的贡献。

②污染指数法

通过检测水质的分项结果,通过与标准值的比较而获得其污染分指数,再通过数学方法综合分指数而获得其污染指数。

③等级判别法

这种方法需要对评价指标进行权重确定。权重的确定方法主要有层次分析法、熵权赋值法、超标倍数法。

Ⅰ.模糊综合评价法

通过模糊数学对检测指标建立评价等级标准的隶属度集合,再通过权重的方法对各个检测指标求权重集合,二者所获得的矩阵相乘,就得到综合判断标准集合。从而对水质进行判别。

Ⅱ.物元可拓评价法

通过各级水质标准建立其经典域物元阵,再通过各个观测因子的浓度建立节域物元阵,然后计算出不同水质的关联函数,确定测量水质的级别。

Ⅲ.灰色关联分析评价

根据水体中的实测浓度和各级水质标准的关联度的大小,来确定水体的水质。

3)用水信任度评价

①风险评价

风险评价主要是建立水体污染和人体健康定量联系的一种方法。主要有致癌风险评价模型和非致癌风险评价模型。其评价方法是先按单因素影响获得风险值或风险指数,然后按类求和。

②安全评价

利用数学分析方法对当前水安全状况进行量化分级,以判定水的安全级别。其评价通常采用模糊综合评价的方法对水体安全进行评价。

(3)可持续性评价

1)评价指标

①协调系数

表示水资源、经济、社会、环境协调发展的综合评价系数:

$$C = \frac{V}{M} \tag{3.1}$$

式中　V——某时刻可供水总量;

M——对应供水总量时刻的需水总量。

②可持续系数

水资源可持续开发利用的综合评价指数:

$$R = \frac{U}{M} \tag{3.2}$$

式中　U——某时刻可利用水总量；

　　　M——对应可利用水总量时刻的需水总量。

R 越大，表示可持续性越强。当 R≤1，则表示水资源的利用已经是不可持续的了，需要采取措施。

2）可持续发展评价方法

①协调度法

以资源环境承载力、发展度和环境容量为综合指标，利用系统协调理论，来反映经济、资源和社会与环境的协调关系。

②综合评价法

通过建立类别指标体系，采用判别分析或者聚类分析，获得评判结果。

③模糊评价法

主要利用模糊评价和灰色关联评价。这种方法可以把定量和定性指标进行量化评价。

④多元统计法

通过对多指标进行量纲处理，把涉及到经济、社会、环境、生态和资源的问题进行综合判断。主要有主成分分析、因子分析法等。

⑤多维标度法

主要通过 Shepard 法、Torgerson 法、Kruskal 法、最小维数法和 K-L 法，把不同量纲指数进行整合，从而进行综合评价。

3.2　可持续发展的理论框架

早在 1980 年 3 月 5 日，联合国大会就向世界发出呼吁："必须研究自然的、社会的、生态的、经济的以及利用自然资源过程中的基本关系，确保全球的发展。"当时人们对于联合国的这项呼吁似乎有些不解，因而也未能在全球引起足够的反响。直到 1987 年，以挪威原首相布伦特兰夫人为主席的"世界环境与发展委员会"（WCED），出版了著名的《我们共同的未来》一书后，才在世界各国掀起了可持续发展研究的浪潮。瑞典皇家科学院率先建立了可持续发展研究所。1990 年 2 月，经加拿大总理亲自提议，在威尼匹格建立了"国际可持续发展研究所"（IISD）。三家著名的国际机构——世界资源研究所（WRI），国际环境发展研究所（IIED）、联合国环境规划署（UNEP），联合声称"可持续发展是我们的指导原则"，并遵照此原则去研究世界问题。世界银行、亚洲开发银行的资助项目，都强调可持续发展为国际范围科学研究课题的优先选择之一。

1992 年里约首脑会议后，中国于 1993 年率先在国际上编制了《21 世纪议程》。

1995 年,中国又正式将可持续发展作为国家的战略选择。

可持续发展的基本含义是:人类社会的发展应当既满足当代人的需要,又不对后代人满足其需要构成危害。可持续发展原则的核心是人类的经济和社会发展不能超越资源和环境的承载能力。

3.2.1 可持续发展的时空特性

可持续发展是一个时空概念,即包括"时间序列"和"空间序列"。时间序列是诸如当代与后代,代际公平,人类的未来,文明的延续等,而空间序列则是诸如区域资源、环境格局的不均衡,发达国家与发展中国家社会经济状态的南北差异,贫困地区的形成与消除,地城分异规律等。时间序列与空间序列之间相互联系、相互识别、相互补充。

可持续发展理论既涉及到自然科学,也关系到社会科学。涉及对识别可持续发展具有贡献能力的要素或变量,通常可以列出几十个乃至数百个,每个要素对识别可持续发展均有各自不同的贡献,其贡献率唯一地取决于该要素在表达可持续发展总体行为中的地位和价值。根据一般的复杂系统理论,需要从众多变量中,依其重要性及贡献率的顺序,因而选出数目足够小的、但却能表征该体系本质的最主要的要素或变量。这些要素(要素组)或变量(变量组)自大而小的加和贡献率等于或大于某个临界概率时,所选的变量数目就成为构建该理论体系所必需的最小数目。如果所选变量小于该数目,这些变量及其相应的关系,就不足以或不充分表征系统的真实行为或真实的行为趋势,所获得的结果极有可能扭曲甚至错误地代表了对象系统真实的状况。如果所选数目大于这个"最小数目",则大大地增加了复杂性和冗余度。

牛文元等对影响可持续发展的要素组进行了初选和估算。假定初步确定识别可持续发展系统的临界概率为 90%,而选择出的各类要素(要素组)的加和贡献率则如下:

生存支持系统(要素组):30%

发展支持系统(要素组):25%

环境支持系统(要素组):20%

社会支持系统(要素组):10%

智力支持系统(要家组):10%

上述五个子系统对于识别系统的总和贡献率:95%

由于其系统识别能力的总和贡献率 95% 已经超出可以代表系统总行为的临界概率 90%,因而上述五个要素组能够作为判定可持续发展行为的基础要素组。事实上,在人们的社会实践中,已经感觉到上述五个子系统在识别"自然—经济—社会"复杂系统中的作用和价值。

3.2.2　可持续发展的空间序列

在可持续发展的理论框架中,第一组要素被称为"生存支持系统",通常亦称之为"基础支持系统"。对再生水项目来说,它以存在的承载力作为基本的衡量。在可持续发展理论体系中,首要的保证即是生存支持系统,"没有生存就没有发展,先有生存后有发展,"从根本上阐明了生存支持系统是可持续发展的首要基础。当然,该基础是不会单独存在的,它与发展之间有着十分密切的关系。但在可持续发展体系中,生存支持系统是首要的、贡献率也是最高的。

第二组要素被称为"发展支持系统"。西方学者亦将其称为"福利支持系统"或"区域生产资本",它以经济发展的动力、能力和潜力作为基本的衡量。它是在生存支持系统的基础上,为进一步满足项目更高级的要求,通过有关的能源、其他自然资源(如各种原料、材料)、劳动力(人力资本及其技术能力)、资本(作为一种通用型的财富)、生产设施(厂房、机器、运输工具等)、管理等生产要素的有效组合,去适应或引导人类对该类项目的支持。

第三组要素被称为"环境支持系统",有时也可称之为"环境容量支持系统"。该组要素在可持续发展理论体系中的重要性,在于它将对生存支持系统和发展支持系统施以"限制性"的作用。如果一个国家的生存支持系统是被满足的,发展支持系统也是被满足的,但是若环境支持系统出现了实质性的损害,它的"缓冲力"即"环境容量上限"被打破,那么该组要素就会成为严重的"瓶颈"要素,成为生存能力和发展能力的限制。换言之,一个国家的可持续发展能力,只有在环境支持系统可以容忍的条件下,才能真正地发挥出来。因此,我们可以从可持续发展的内部逻辑识别中去认识环境支持系统的作用和价值。

第四组要素系指"社会支持系统",有时亦称之为"过程支持系统"。它同第三组要素一样,在可持续发展理论体系中亦将施以"限制性"的作用。有所不同的是,第三组要素主要通过自然环境的恶化去施加限制,而第四组要素则主要通过社会环境的恶化,尤其是社会的失衡(不稳)、社会的失序(动乱)和社会的失控(暴乱),给可持续发展带来灾难性的人为后果。举例而言,一个国家的生存能力是保证的,发展能力(包括潜力)是具备的,环境的容忍度也是许可的,但是社会发生了经久不息的动乱,人民流离失所,上述这些能对可持续发展能力作出贡献的要素,统统会失去其作用和价值,此时的社会稳定系统就成为唯一限制的因子。该项要素即社会支持能力,要求可持续发展必然应在一种秩序稳定和法规健全的社会中,才能得以进行。

第五组要素被称为"智力支持系统"。它通常由两个基本部分组成,其一是人的平均智力水平,接受教育的年限与科技创造力所界定;其二是管理与决策能力,被决策人(或决策集团)的智力水平与相应的政策、规划、法规、应变能力等所决定。可以想象,一个国家的可持续发展能力,最终取决于决策者、管理层、执行层等有关层面的智能水平以及时此种智能水平的培育(如教育)和发挥(如科研及技术进步)。

3.2.3 可持续发展的时间序列

发展是指一个特定的地理空间内(国家或区域),"自然—社会—经济"复合系统随时间变化的"正行为",是协调"人与自然"和"人与人人际关系健康程度的总标志"。

发展的传播方式有二:有形的传播和无形的传播。有形的传播,是"供体"(高发展地区)与"受体"之间,通过不同的"硬联系",如交通运输网络、通讯网络、资本流通渠道、人才流动渠道等,达到发展的传播;无形的传播,是"供体"与"受体"之间的"软联系",如智力的支援、行政命令的约束力、人道力量的感召、权威人物的呼吁等,也可达到发展的传播。总之,无论是主动的传播抑或被动的传播,无论是有形的传播或是无形的传播,发展随着时间的推移,在地理空间内的传播行为总是真确的。从实践中得知,在区域开发和社会发展过程中,在国家稳定和综合国力提高上,在行政管理和保护人权上,空间传播行为的确是人们关注的核心问题之一。

众所用知.一般的大规模生物种群传播现象,虽无一例外地均处于动态变化过程当中,但它们都表现出明显的、可以识别的类似于"波浪形式"的传播特点。从一个高浓度中心(代表着高发展地区)向周围地区(代表着低发展地区)的运动,既可以理解为空间上的,亦可以理解为时间上的,它们在物质形式的传播、能量形式的传播、信息形式的传播,都具有起伏运行形式的传播特征。此种"类波"的传播特征,从发展意义上去认识,极具强烈的经济学意义。只有认识了这一特征,我们才有可能去选择并控制它们的传播行为,以达到整体效益上区域发展的最优把握。

可持续发展是一个过程。在过程的进行当中,决定过程特性两个基本要素,即动力要素和趋势要素,具有同向的增幅作用或推挽效应。提供给"发展能力"的物质基础和能量基础是资源和能源。它们的发现、开采、加工、运输等的链式过程,明显地具有周期性和波动性。那么以它们为源头的可持续发展过程,自然也就会具有相同的特点。另则,人类需求的初级产品、高级产品和各类服务等,在可持续发展中是一种牵引要素,引导着产品的流向,决定着产品的规模,制约着产品的市场。同样十分明显,这个牵引要素具有周期性和阶段性,因为每一次升级换代,都是适应人们需求的新技术、新发明和新思想的启动和普及。这种需求运动周而复始地螺旋式上升,使得可持续发展过程也必然具有节律性的过程待征。这二者的共同作用,使得可持续发展在空间上的表现和在时间上的表现,都具有复杂的节律性。

第4章 再生水的市场效应研究

居民住宅小区有多种供水方案,按照"存在的就是合理"的哲学思想,居民的供水方案应该是各有利弊。到底哪种方案能够占据市场的主导地位,应该是具体情况具体分析。研究以具体的再生水回用项目为实例,研究其市场推广价值,然后研究居民对再生水消费的接受程度。

4.1 现有供水方案的博弈

(1)现有的主要的供水方式

目前,居民小区主要的供水方式主要有集中式市政生活供水、集中式市政再生供水和分散式再生供水方式。

①集中式市政供水

这是当前最主要的供水形式。集中式供水主要由给水厂生产净水,通过市政管道、泵站输送到居民用水点,其污水再通过管道的收集,输送到污水厂进行集中处理。市政统一供水主要是居民用水,但也提供商业用水,例如洗车等商用水,但其水价远远高于居民用水的价格。

②集中式市政再生供水

市政再生供水方式,主要通过市政回用设施,充分发挥市政管网的收集、输送污水的作用,充分发挥城市污水处理的规模效益,一般情况下,污水集中处理再生,能够比分散式处理具有规模效益,节省处理投资。

③分散式再生供水

分散式供水主要是在居住小区、公共建筑、商业区等场所,收集杂排水或者优质杂排水进行处理后二次回用。分散式供水多用于市政供水难以到达,或者市政供水严重不足,或者需要特殊供水的区域。

(2)现有供水方式的比较

供水是生活的必须资源,因而满足小区各用水单元的水量和水质的要求,是必不可少的程序。在供水方案的选择上,只要能满足用户的用水需求,可以选择市政供水,还可以选择市政集中再生水供应和分散式再生水供应。

①市政供水

市政供水具有较大的优越性,在生产中可以利用规模效应,降低能耗和运行管理费用。但是,建设前期投资巨大,输水管网距离较长,因为地形的原因,有时候需要数个或者多级提升泵站,消耗了巨大的能耗。

②市政再生供水

市政再生水回用同样具有规模效应,减少运行管理费用,维护费用,只要能够达到水质使用的标准,由于再生水的价格相对较低,因而具有较大的市场前景。但市政再生用水只是针对比较大的用户,例如工厂等。而对居住小区,也需要投资较大,前期费用较高。

③分散式再生供水

随着市政供水水价的不断提高,实施分散式再生水项目再生供水成为一种可能。分散式再生水项目可以就近利用水资源,就地处理,就近使用,降低输水成本,节约能源,加快供水循环。但也相应增加了管理运行费用和相应的运行风险成本。

4.2　再生水回用项目的市场推广研究

4.2.1　层次分析法概述

美国运筹学家 A. L. saaty 于 20 世纪 70 年代提出的层次分析法(Analytic Hierarchy Process,简称 AHP 方法),是对方案的多指标系统进行分析的一种层次化、结构化决策方法,它将决策者对复杂系统的决策思维过程模型化、数量化。应用这种方法,决策者通过将复杂问题分解为若干层次和若干因素,在各因素之间进行简单的比较和计算,就可以得出不同方案的权重,为最佳方案的选择提供依据。

所谓层次分析法,是指将一个复杂的多目标决策问题作为一个系统,将目标分解为多个目标或准则,进而分解为多指标(或准则、约束)的若干层次,通过定性指标模糊量化方法算出层次单排序(权数)和总排序,以作为目标(多指标)、多方案优化决策的系统方法。

层次分析法是将决策问题按总目标、各层子目标、评价准则直至具体的备选方案的顺序分解为不同的层次结构,然后得用求解判断矩阵特征向量的办法,求得每一层次的各元素对上一层次某元素的优先权重,最后再用加权和的方法递阶归并各备选方案对总目标的最终权重,此最终权重最大者即为最优方案。这里所谓"优先权重"是一种相对的量度,它表明各备选方案在某一特点的评价准则或子目标,标下优越程度的相对量度,以及各子目标对上一层目标而言重要程度的相对量度。层次分析法比较适合于具有分层交错评价指标的目标系统,而且目标值又难于定量描述的决策问题。其用法是构造判断矩阵,求出其最大特征值。及其所对应的特征向量 W,归一化后,即为某一层次指标对于上一层次某相关指标的相对重要性权值。

层次分析法的特点是在对复杂的决策问题的本质、影响因素及其内在关系等进行深入分析的基础上,利用较少的定量信息使决策的思维过程数学化,从而为多目标、多准则或无结构特性的复杂决策问题提供简便的决策方法。尤其适合于对决策结果难于直接准确计量的场合。

在现实世界中,往往会遇到决策的问题,在决策者作出最后的决定以前,必须考虑很多方面的因素或者判断准则,最终通过这些准则作出选择。各方面因素是相互制约、相互影响的。将这样的复杂系统称为一个决策系统。这些决策系统中很多因素之间的比较往往无法用定量的方式描述,此时需要将半定性、半定量的问题转化为定量计算问题。层次分析法是解决这类问题的行之有效的方法。层次分析法将复杂的决策系统层次化,通过逐层比较各种关联因素的重要性来为分析以及最终的决策提供定量的依据。

4.2.2　层次分析法的基本步骤

运用 AHP 进行决策时,大体可分为 4 个步骤进行:

第一步:分析系统中各因素之间的关系,建立系统的递阶层次结构;第二步:对同一层次的各元素关于上一层次中某一准则的重要性进行两两比较,构造两两比较判断矩阵;第三步:由判断矩阵计算被比较元素对于该准则的相对权重;第四步:计算各层元素对系统目标的合成权重,并进行排序。

(1)递阶层次结构的建立

应用 AHP 分析社会的、经济的以及科学管理领域的问题,首先要把问题条理化、层次化,构造出一个层次分析的结构模型。在这个结构模型下,复杂问题被分解为人们称之为元素的组成部分。这些元素又按其属性分成若干组,形成不同层次。同一层次的元素作为准则对下一层次的某些元素起支配作用,同时它又受上一层次元素的支配。这些层次大体上可以分为 3 类:

1)最高层:这一层次中只有一个元素,一般它是分析问题的预定目标或理想结果,因此也称目标层。

2)中间层:这一层次包括了为实现目标所涉及的中间环节,它可以由若干个层次组成,包括所需考虑的准则、子准则,因此也称为准则层。

3)最低层表示为实现目标可供选择的各种措施、决策方案等,因此也称为措施层或方案层。

上述各层次之间的支配关系不一定是完全的,即可以存在这样的元素,它并不支配下一层次的所有元素而仅支配其中部分元素。这种自上而下的支配关系所形成的层次结构,我们称为递阶层次结构。一个典型的层次结构表示如图 4.1 所示。

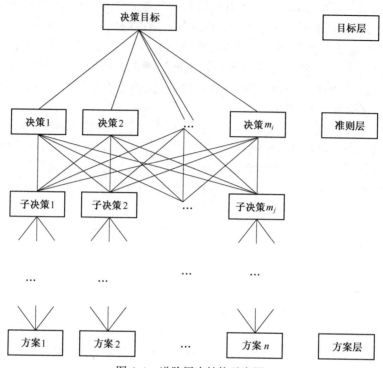

图 4.1　递阶层次结构示意图

　　递阶层次结构中的层次数与问题的复杂程度及需分析的详尽程度有关,一般地可以不受限制。每一层次中各元素所支配的元素一般地不要超过 9 个。这是因为支配的元素过多会给两两比较判断带来困难。一个好的层次结构对于解决问题是极为重要的,因而层次结构必须建立在决策者对所面临的问题有全面深入的认识的基础上。如果在层次的划分和确定层次元素间的支配关系上举棋不定,那么最好重新分析问题,弄清各元素间的相互关系,以确保建立一个合理的层次结构。

　　递阶层次结构是 AHP 中一种最简单的层次结构形式。有时一个复杂的问题仅仅用递阶层次结构难以表示,这时就要采用更复杂的形式,如循环层次结构、反馈层次结构等等。它们都是递阶层次结构的扩展形式。

　　(2)构造两两比较判断矩阵

　　在建立递阶层次结构以后,上下层次之间元素的隶属关系就被确定了。假定以上一层元素 C 为准则,所支配的下一层次的元素为 $u_1, u_2, \cdots, u_n$,按它们对于准则 C 的相对重要性赋予 $u_1, u_2, \cdots, u_n$ 相应的权重。当 $u_1, u_2, \cdots, u_n$ 对于 C 的重要性可以直接定量表示时(如利润多少,消耗材料量等),它们相应的权重可以直接确定。但是对于大多数社会经济问题,特别是比较复杂的问题,元素的权重不容易直接获得,这时就需要通过适当的方法导出它们的权重,AHP 所用的导出权重的方法就是两两比较的方法。

在这一步中,决策者要反复地回答问题:针对准则 C,两个元素 u_i 和 u_j 哪一个更重要,重要多少,并按 1~9 比例标度对重要性程度赋值。表 4.1 中列出了 1~9 标度的含义。这样对于准则 C,M 个被比较元素构成了一个两两比较判断矩阵

$$A = (a_{ij})_{n \times n} \tag{4.1}$$

其中 a_{ij} 就是元素 a_i 与 a_j 相对于 C 的重要性的比例标度。

显然判断短阵具有下述性质:

$$a_{ij} > 0 \quad a_{ji} = \frac{1}{a_{ij}} \quad a_{ii} = 1 \tag{4.2}$$

称判断矩阵 A 为正互反矩阵。它所具有的性质,使我们对一个 n 个元素的判断矩阵仅需给出其上(或下)三角的 $n(n-1)$ 个元素就可以了。也就是说只需作 $n(n-1)/2$ 个判断即可。

表 4.1　1~9 标度的含义

标度	含　义
1	表示两个元素相比,具有同样重要性
3	表示两个元素相比前者比后者稍重要
5	表示两个元素相比,前者比后者明显重要
7	表示两个元素相比前者比后者强烈重要
9	表示两个元素相比,前者比后者极端重要
2,4,6,8	表示上述相邻判断的中间值
倒数	转元素 i 与元 j 的重要性之比为 a_i,那么元素 j 与元亲 i 重要性之比为 $a_j = \dfrac{1}{a_i}$

在特殊情况下,判断矩阵 A 的元素具有传递性,即满足等式

$$a_{ij} \cdot a_{jk} = a_{ik} \tag{4.3}$$

例如当 u_i 与 u_j 相比的重要性比例标度为 3,而 u_j 与 u_k 的重要性比例标度为 2,如果又认为 u_i 与 u_k 重要性比例标度为 6,那么它们之间的关系就满足式(4.3)。但一般地我们并不要求判断矩阵满足这种传递性。当式(4.3)对 A 的所有元素构成立比判断矩阵 A 称为一致性矩阵。

(3)单一准则下元素相对权重的计算

这里要根据 n 个元素 $u_1, u_2, \cdots, u_n$ 对于准则 C 的判断炬阵 A,求出它们对于准则 C 的相对权重 $w_1, w_2, \cdots, w_n$。相对权重可写成向量形式,即 $w = (w_1, w_2, \cdots, w_n)^{\mathrm{T}}$。

这里需要变解决两个问题,一个是权重计算方法,另一个是判断矩阵一致性检验。

1)权重计算方法

存在着各种不同的计算权重的方法,主要有以下几种:

①和法

对于一个一致的判断矩阵它的每一列归一化后就是相应的权重向量。当 A 不一致时每一列归一化后近似于权重向量,和法就是采用这 n 个列向量的算术平均作为权重向量。因此有

$$w_i = \frac{1}{n} \sum_{j=1}^{n} \frac{a_{ij}}{\sum_{k=1}^{n} a_{kj}} \qquad i = 1, 2, \cdots, n \qquad (4.4)$$

其计算步骤如下:

第一步:A 的元素按列归一化;

第二步:将归一化后的各列相加;

第三步:列相加后的向量除以 n 得权重向量。

与和法类似地还可用公式

$$w_i = \frac{\sum_{j=1}^{n} a_{ij}}{\sum_{k=1}^{n} \sum_{j=1}^{n} a_{kj}} \qquad i = 1, 2, \cdots, n \qquad (4.5)$$

进行计算。

②根法

如果我们将矩阵的各个列向量采用几何平均,然后归一化得到的列向量就是权重向量。其公式为

$$w_i = \frac{\left(\prod_{j=1}^{n} a_{ij} \right)^{1/n}}{\sum_{i=1}^{n} \left(\prod_{j=1}^{n} a_{ij} \right)^{1/n}} \qquad i = 1, 2, \cdots, n \qquad (4.6)$$

共计算步骤如下:

第一步:矩阵的元素按行相乘得一新向量;

第二步:将新向量的每个分量开 n 次方;

第三步:将所得向量归一化即为权重向量。

上述两法均可在精度要求不高或需笔算时采用。

③特征根方法

这是解判断矩阵 A 的特征根问题。

$$Aw = \lambda_{\max}w \qquad\qquad (4.7)$$

这里 $\lambda_{\max}$ 是 A 的最大特征根，w 是相应的特征向量。所得到的 w 经归一化后就可作为权重向量，这种方法称为特征根法。可以用幂法求出 $\lambda_{\max}$ 及相应的特征向量 w。

④对数最小二乘法

用拟合方法确定权重向量 $w = (w_1, w_2, \cdots, w_n)^{\mathrm{T}}$，使残差的平方和

$$\sum_{1 \leqslant i < j \leqslant n} \big[\log a_{ij} - \log(w_i/w_j) \big]^2 \qquad\qquad (4.8)$$

为最小。这就是对数最小二乘法。

⑤最小二乘法

确定权重向量 $w = (w_1, w_2, \cdots, w_n)^{\mathrm{T}}$，使残差的平方和

$$\sum_{1 \leqslant i < j \leqslant n} (a_{ij} - w_i/w_j)^2 \qquad\qquad (4.9)$$

为最小的方法称为最小二乘法。

上面列举的方法中特征根方法是 AHP 中较早提出并得到广泛应用的一种方法。它对 AHP 的发展在理论上有重要作用。其他的方法有其各自的特点和应用场合。另外由于权重向量经常被用来作为对象的排序，因此我们也常常把它称为排序向量。

2）一致性检验

在计算单准则下排序权向量时，还必须进行一致性检验。因为在判断矩阵的构造中，并不要求判断具有传递性和一致性，即不要求式(4.3)成立。这是客观事物的复杂性与人的认识的多样性所决定的。但判断矩阵既是计算排序权向量的根据，那么要求判断矩阵有大体上的一致性是应该的。出现"甲比乙极端重要，乙比丙极端重要，而丙又比甲极端重要"的判断一般是违反常识的。一个混乱的经不起推敲的判断矩阵有可能导致决策的失误。而上面提到的排序向量的计算方法都是一种近似算法。当判断矩阵偏离一致性过大时，这种近似估计的可靠程度也就值得怀疑了。因此需要对判断矩阵一致性进行检验。

(4)计算各层元素对目标层的合成权重

上面我们得到的仅仅是一组元素对其上一层中某元素的权重向量。我们最终是要得到各元素对于总目标的相对权重，特别是要得到最低层中各方案对于目标的排序权重，即所谓"合成权重"，从而进行方案选择。合成排序权重的计算要自上而下，将单准则下的权重进行合成，并逐层进行总的判断一致性检验。

计算最下层对目标的组合权向量时，要根据公式做组合一致性检验，若检验通过，则可按照组合权向量表示的结果进行决策，否则需要重新考虑模型或重新构造那些一致性比率较大的成对比较阵。

运用层次分析法有很多优点，其中最重要的一点就是简单明了。层次分析法不

仅适用于存在不确定性和主观信息的情况,还允许以合乎逻辑的方式运用经验、洞察力和直觉。也许层次分析法最大的优点是提出了层次本身,它使得买方能够认真地考虑和衡量指标的相对重要性。

4.2.3 再生水市场的推广分析

诚然,居民供水方式各有各的优缺点,但专家的意见往往是决策者的依据,也决定着哪一种供水方式在市场推广中占有领先地位。

根据层次分析法,影响方案的选择主要有效益和费用两个主要因素。依据可持续发展的内涵研究,可以知道这些因素分为三个类型:经济、社会和环境。而方案的选择决定于效益和费用的比较。在费用效益评价中,其权重由专家打分构成。图4.2和图4.3分别给出效益和费用的结构。

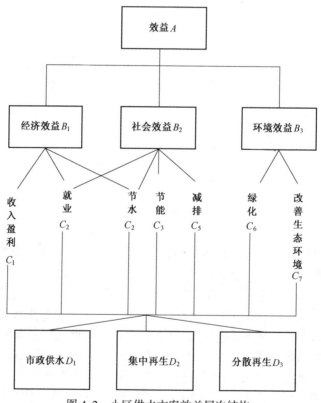

图 4.2　小区供水方案效益层次结构

采用 1~9 比例标度,并采用根法计算元素的权重和进行一致性检验。本研究采用根法进行计算,其计算公式为:如果我们将矩阵的各个列向量采用几何平均,然后

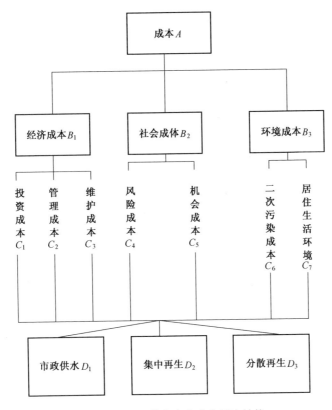

图4.3　小区供水方案成本层次结构

归一化得到的列向量就是权重向量。其公式为:

$$w_i = \frac{\left(\prod\limits_{j=1}^{n} a_{ij} \right)^{1/n}}{\sum\limits_{i=1}^{n} \left(\prod\limits_{j=1}^{n} a_{ij} \right)^{1/n}} \qquad i = 1, 2, \cdots, n$$

其计算步骤为:

第一步:矩阵 A 的元素按行相乘得一新向量;

第二步:将新向量的每个分量开 n 次方;

第三步:将所得向量归一化即为权重向量。

根法在精度要求不高或需笔算时采用。

需要对判断矩阵的一致性进行检验。其步骤为:

第一步,计算一致性指标 C. I. (consistency index)

$$\text{C. I.} = \frac{\lambda_{\max} - n}{n - 1} \tag{4.10}$$

$$\lambda_{\max} = \frac{1}{n} \sum_{i=1}^{n} \frac{(Aw)_i}{w_i} = \frac{1}{n} \sum_{i=1}^{n} \frac{\sum_{j=1}^{n} a_{ij} w_j}{w_j} \tag{4.11}$$

第二步,查找相应的平均随机一致性指标 R. I. (random index)

表 4.2 给出了 1~15 阶正互反矩阵计算 1000 次得到的平均随机一致性指标。

表 4.2 平均随机一致性指标 R. I.

矩阵阶数	1	2	3	4	5	6	7	8
R. I.	0	0	0.52	0.89	1.12	1.26	1.36	1.41
矩阵阶数	9	10	11	12	13	14	15	
R. I.	1.46	1.49	1.52	1.54	1.56	1.58	1.59	

第三步,计算一致性比例 C. R. (consistency ratio)

$$\text{C. R.} = \frac{\text{C. I.}}{\text{R. I.}} \tag{4.12}$$

当 C. R. < 0.1 时,认为判断矩阵的一致性是可以接受的;当 C. R. ≥ 0.1 时,应该对判断矩阵做适当修正。

第四步,整体一致性检验。在实际中往往忽略。

合成权重由上至下计算:

$$w_i^{(k)} = \sum_{j=1}^{n_{k-1}} p_{ij}^{(k)} w_j^{(k-1)} \qquad i = 1, 2, \cdots, n \tag{4.13}$$

式中 $w_i^{(k)}$——第 k 层第 i 个元素对总目标的合成权重;

n_{k-1}——k-1 层相对于总目标的元素数量;

$p_{ij}^{(k)}$——第 k 层第 i 个元素对 k-1 层上第 j 个元素的权重;

$w_j^{(k-1)}$——第 k-1 层第 j 个元素对总目标的合成权重。

整体一致性检验同样从上到下逐层进行:

$$\text{C. I.}^{(k)} = \frac{\text{C. I.}^{(k)}}{\text{R. I.}^{(k)}} \tag{4.14}$$

式中 $\text{C. I.}^{(k)}$——k 层的综合计算一致性指标;

$\text{R. I.}^{(k)}$——k 层的综合平均随机一致性指标。

$$\text{C. I.}^{(k)} = (\text{C. I.}_1^{(k)}, \cdots, \text{C. I.}_{n_{k-1}}^{(k)}) w^{(k-1)} \tag{4.15}$$

$$\text{R. I.}^{(k)} = (\text{R. I.}_1^{(k)}, \cdots, \text{R. I.}_{n_{k-1}}^{(k)}) w^{(k-1)} \tag{4.16}$$

C. I. $_j^{(k)}$——$k-1$ 层上元素 j 的计算一致性指标；

R. I. $_j^{(k)}$——$k-1$ 层上元素 j 的平均随机一致性指标。

若不能满足要求，则调整重新进行计算，直到满足一致性要求为止。

由此得到供水方案的利益判别矩阵分别为表 4.3 ~ 表 4.13。

表 4.3　A—B 利益判别矩阵

A	B_1	B_2	B_3	w_i	
B_1	1	3	2	0.539 615	C. I. $^{(2)}=0$
B_2	1/3	1	1/2	0.163 424	R. I. $^{(2)}=0.52$
B_3	1/2	2	1	0.296 961	C. R. $^{(2)}=0$

$\lambda_{max}=3$

表 4.4　$B_1 \sim C$ 利益判别矩阵

B_1	C_1	C_2	C_3	w_i	
C_1	1	6	4	0.700 974	C. I. $_1^{(3)}=0$
C_2	1/6	1	1/2	0.106 146	R. I. $_1^{(3)}=0.52$
C_3	1/4	2	1	0.19 288	C. R. $_1^{(3)}=0$

$\lambda_{max}=3$

表 4.5　B_2—C 利益判别矩阵

B_2	C_2	C_3	C_4	C_5	w_i	
C_2	1	1/2	1/2	1/2	0.142 857	C. I. $_2^{(3)}=0$
C_3	2	1	1	1	0.285 714	R. I. $_2^{(3)}=0.52$
C_4	2	1	1	1	0.285 714	C. R. $_2^{(3)}=0$
C_5	2	1	1	1	0.285 714	

$\lambda_{max}=3$

表 4.6　B_3—C 利益判别矩阵

B_3	C_6	C_7	w_i	
C_6	1	1/3	0.25	C. I. $_3^{(3)}=0$
C_7	3	1	0.75	R. I. $_3^{(3)}=0.52$
				C. R. $_3^{(3)}=0$

$\lambda_{max}=3$

表 4.7　C_1—D 利益判别矩阵

C_1	D_1	D_2	D_3	w_i	
D_1	1	1/2	1/2	0.2	C. I. $_1^{(4)}=0$
D_2	2	1	1	0.4	R. I. $_1^{(4)}=0.52$
D_3	2	1	1	0.4	C. R. $_1^{(4)}=0$

$\lambda_{max}=3$

表 4.8　C_2—D 利益判别矩阵

C_2	D_1	D_2	D_3	w_i	
D_1	1	1/2	1/2	0.2	C. I. $_2^{(4)}=0$
D_2	2	1	1	0.4	R. I. $_2^{(4)}=0.52$
D_3	2	1	1	0.4	C. R. $_2^{(4)}=0$

$\lambda_{max}=3$

表 4.9　C_3—D 利益判别矩阵

C_3	D_1	D_2	D_3	w_i	
D_1	1	1/3	1/3	0.142 857	C. I. $_3^{(4)}=0$
D_2	3	1	1	0.428 571	R. I. $_3^{(4)}=0.52$
D_3	3	1	1	0.428 571	C. R. $_3^{(4)}=0$

$\lambda_{max}=3$

表 4.10　C_4—D 利益判别矩阵

C_4	D_1	D_2	D_3	w_i	
D_1	1	1/2	1/3	0.163 424	C. I. $_4^{(4)}=0$
D_2	2	1	1/2	0.296 961	R. I. $_4^{(4)}=0.52$
D_3	3	2	1	0.539 615	C. R. $_4^{(4)}=0$

$\lambda_{max}=3$

表 4.11　C_5—D 利益判别矩阵

C_5	D_1	D_2	D_3	w_i	
D_1	1	1/4	1/4	0.111 111	C. I. $_5^{(4)}=0$
D_2	4	1	1	0.444 444	R. I. $_5^{(4)}=0.52$
D_3	4	1	1	0.444 444	C. R. $_5^{(4)}=0$

$\lambda_{max}=3$

表 4.12　C_6—D 利益判别矩阵

C_6	D_1	D_2	D_3	w_i	
D_1	1	1/2	1/2	0.2	C. I. $_6^{(4)}=0$
D_2	2	1	1	0.4	R. I. $_6^{(4)}=0.52$
D_3	2	1	1	0.4	C. R. $_6^{(4)}=0$

$\lambda_{max}=3$

表 4.13　C_7—D 利益判别矩阵

C_7	D_1	D_2	D_3	w_i	$\lambda_{max} = 3$
D_1	1	1/4	1/4	0.142 857	C. I. $_7^{(4)}$ = 0
D_2	4	1	1	0.428 571	R. I. $_7^{(4)}$ = 0.52
D_3	4	1	1	0.428 571	C. R. $_7^{(4)}$ = 0

C 层利益合成权重计算矩阵结果见表 4.14。

表 4.14　C 层利益合成权重计算矩阵及计算结果

层次	B_1	B_2	B_3	合成权重
	0.539 615	0.163 424	0.296 961	
C_1	0.700 974	0	0	0.378 256
C_2	0.106 146	0.142 857	0	0.080 624
C_3	0.192 88	0.285 714	0	0.150 774
C_4	0	0.285 714	0	0.046 693
C_5	0	0.285 714	0	0.046 693
C_6	0	0	0.25	0.074 24
C_7	0	0	0.75	0.222 721

D 层利益合成权重计算矩阵结果见表 4.15。

表 4.15　D 层利益合成权重计算矩阵及计算结果

层次	C_1	C_2	C_3	C_4	C_5	C_6	C_7	合成权重
	0.378 256	0.080 624	0.150 774	0.046 693	0.046 693	0.074 24	0.222 721	
D_1	0.2	0.2	0.142 857	0.163 424	0.111 111	0.2	0.111 111	0.165 729
D_2	0.4	0.4	0.428 571	0.296 961	0.444 444	0.4	0.444 444	0.411 471
D_3	0.4	0.4	0.428 571	0.539 615	0.444 444	0.4	0.444 444	0.422 801

C 层对目标层的一致性的检查：

$$\text{C. I.}^{(3)} = (\text{C. I.}_1^{(3)}, \text{C. I.}_2^{(3)}, \text{C. I.}_3^{(3)}) w^{(2)} = (0, 0, 0) \cdot$$
$$(0.539\ 615, 0.163\ 424, 0.296\ 961)^{\text{T}} = 0$$

$$\text{R. I.}^{(3)} = (\text{R. I.}_1^{(3)}, \text{R. I.}_2^{(3)}, \text{R. I.}_3^{(3)}) w^{(2)} = (0.52, 0.52, 0) \cdot$$
$$(0.539\ 615, 0.163\ 424, 0.296\ 961)^{\text{T}} = 0.365\ 580$$

$$\text{C. R.}^{(3)} = \frac{\text{C. I.}^{(3)}}{\text{R. I.}^{(3)}} = \frac{0}{0.365\ 580} = 0 < 0.1$$

$$\text{C. I.}^{(4)} = (\text{C. I.}_1^{(4)}, \text{C. I.}_2^{(4)}, \text{C. I.}_3^{(4)}, \text{C. I.}_4^{(4)}, \text{C. I.}_5^{(4)}, \text{C. I.}_6^{(4)}, \text{C. I.}_7^{(4)}, \text{C. I.}_8^{(4)}) w^{(3)}$$

$$= (0,0,0,0,0,0,0) \cdot (0.378\,256,0.080\,624,0.150\,774,0.046\,693,0.046\,693,0.074$$
$$240,0.222\,721)^{\mathrm{T}} = 0$$

$$\mathrm{R.\,I.}^{(4)} = (\mathrm{R.\,I.}_1^{(4)}, \mathrm{R.\,I.}_2^{(4)}, \mathrm{R.\,I.}_3^{(4)}, \mathrm{R.\,I.}_4^{(4)}, \mathrm{R.\,I.}_5^{(4)}, \mathrm{R.\,I.}_6^{(4)}, \mathrm{R.\,I.}_7^{(4)}, \mathrm{R.\,I.}_8^{(4)}) w^{(3)}$$
$$= (0.52,0.52,0.52,0.52,0.52,0.52,0.52)$$
$$\cdot (0.378\,256,0.080\,624,0.150\,774,0.046\,693,0.046\,693,0.074\,240,0.222\,721)^{\mathrm{T}}$$
$$= 0.52$$

$$\mathrm{C.\,R.}^{(4)} = \frac{\mathrm{C.\,I.}^{(4)}}{\mathrm{R.\,I.}^{(4)}} = \frac{0}{0.52} = 0 < 0.1$$

因此,可以得到供水方案的关于方案的合成排序为:
$$w_{益}^{(4)} = (0.165\,729,0.411\,471,0.422\,801)^{\mathrm{T}}$$

由此得到供水方案的成本判别矩阵分别为表 4.16~表 4.26。

表 4.16 A—B 成本判别矩阵

A	B_1	B_2	B_3	w_i	
B_1	1	4	2	0.571 429	$\mathrm{C.\,I.}^{(2)} = 0$
B_2	1/4	1	1/2	0.142 857	$\mathrm{R.\,I.}^{(2)} = 0.52$
B_3	1/2	2	1	0.285 714	$\mathrm{C.\,R.}^{(2)} = 0$

$\lambda_{\max} = 3$

表 4.17 B_1—C 成本判别矩阵

B_1	C_1	C_2	C_3	w_i	
C_1	1	2	3	0.539 615	$\mathrm{C.\,I.}_1^{(3)} = 0$
C_2	1/2	1	2	0.296 961	$\mathrm{R.\,I.}_1^{(3)} = 0.52$
C_3	1/3	1/2	1	0.163 424	$\mathrm{C.\,R.}_1^{(3)} = 0$

$\lambda_{\max} = 3$

表 4.18 B_2—C 成本判别矩阵

B_2	C_4	C_5	w_i	
C_4	1	2	0.666 667	$\mathrm{C.\,I.}_2^{(3)} = 0$
				$\mathrm{R.\,I.}_2^{(3)} = 0$
C_5	1/2	1	0.333 333	$\mathrm{C.\,R.}_2^{(3)} = 0$

$\lambda_{\max} = 3$

表 4.19 B_3—C 成本判别矩阵

B_3	C_6	C_7	w_i	
C_6	1	1	0.5	$\mathrm{C.\,I.}_3^{(3)} = 0$
				$\mathrm{R.\,I.}_3^{(3)} = 0$
C_7	1	1	0.5	$\mathrm{C.\,R.}_3^{(3)} = 0$

$\lambda_{\max} = 3$

表 4.20 C_1—D 成本判别矩阵

C_1	D_1	D_2	D_3	w_i	
D_1	1	1/2	4	0.307 692	$\mathrm{C.\,I.}_1^{(4)} = 0$
D_2	2	1	8	0.615 385	$\mathrm{R.\,I.}_1^{(4)} = 0.52$
D_3	1/4	1/8	1	0.076 923	$\mathrm{C.\,R.}_1^{(4)} = 0$

$\lambda_{\max} = 3$

表 4.21 C_2—D 成本判别矩阵

C_2	D_1	D_2	D_3	w_i	
D_1	1	1	1/2	0.25	$\mathrm{C.\,I.}_2^{(4)} = 0$
D_2	1	1	1/2	0.25	$\mathrm{R.\,I.}_2^{(4)} = 0.52$
D_3	2	2	1	0.5	$\mathrm{C.\,R.}_2^{(4)} = 0$

$\lambda_{\max} = 3$

表 4.22 C_3—D 成本判别矩阵

C_3	D_1	D_2	D_3	w_i	
D_1	1	1	1/2	0.25	$\mathrm{C.\,I.}_3^{(4)} = 0$
D_2	1	1	1/2	0.25	$\mathrm{R.\,I.}_3^{(4)} = 0.52$
D_3	2	2	1	0.5	$\mathrm{C.\,R.}_3^{(4)} = 0$

$\lambda_{\max} = 3$

表 4.23 C_4—D 成本判别矩阵

C_4	D_1	D_2	D_3	w_i	
D_1	1	1/2	1/3	0.163 424	$\mathrm{C.\,I.}_4^{(4)} = 0$
D_2	2	1	1/2	0.296 961	$\mathrm{R.\,I.}_4^{(4)} = 0.52$
D_3	3	2	1	0.539 615	$\mathrm{C.\,R.}_4^{(4)} = 0$

$\lambda_{\max} = 3$

表 4.24　C_5—D 成本判别矩阵

C_5	D_1	D_2	D_3	w_i	
D_1	1	3	2	0.539 615	$\lambda_{max}=3$
D_2	1/3	1	1/2	0.163 424	C. I. $_5^{(4)}=0$ R. I. $_5^{(4)}=0.52$
D_3	1/2	2	1	0.296 961	C. R. $_5^{(4)}=0$

表 4.25　C_6—D 成本判别矩阵

C_6	D_1	D_2	D_3	w_i	
D_1	1	3	3	0.6	$\lambda_{max}=3$
D_2	1/3	1	1	0.2	C. I. $_6^{(4)}=0$ R. I. $_6^{(4)}=0.52$
D_3	1/3	1	1	0.2	C. R. $_6^{(4)}=0$

表 4.26　C_7—D 成本判别矩阵

C_7	D_1	D_2	D_3	w_i	
D_1	1	1/2	1/2	0.2	$\lambda_{max}=3$
D_2	2	1	1	0.4	C. I. $_7^{(4)}=0$ R. I. $_7^{(4)}=0.52$
D_3	2	1	1	0.4	C. R. $_7^{(4)}=0$

C 层成本合成权重计算矩阵结果见表 4.27。

表 4.27　C 层成本合成权重计算矩阵及计算结果

层次	B_1	B_2	B_3	合成权重
	0.571 429	0.142 857	0.285 714	
C_1	0.539 615	0	0	0.308 351
C_2	0.296 961	0	0	0.169 692
C_3	0.163 424	0	0	0.093 385
C_4	0	0.666 667	0	0.095 238
C_5	0	0.333 333	0	0.047 619
C_6	0	0	0.5	0.142 857
C_7	0	0	0.5	0.142 857

D 层成本合成权重计算矩阵结果见表 4.28。

表 4.28　D 层成本合成权重计算矩阵及计算结果

层次	C_1	C_2	C_3	C_4	C_5	C_6	C_7	合成权重
	0.308 351	0.169 692	0.093 385	0.095 238	0.047 619	0.142 857	0.142 857	
D_1	0.307 692	0.25	0.25	0.163 424	0.539 615	0.6	0.2	0.316 192
D_2	0.615 385	0.25	0.25	0.296 961	0.163 424	0.2	0.4	0.377 302
D_3	0.076 923	0.5	0.5	0.539 615	0.296 961	0.2	0.4	0.306 505

C 层对目标层的一致性的检查

C. I. $^{(3)}=$ (C. I. $_1^{(3)}$, C. I. $_2^{(3)}$, C. I. $_3^{(3)}$) $w^{(2)}=$ (0, 0, 0) · (0.571 429, 0.142 857,

0.285 714) $^T=0$

$$R.I.^{(3)} = (R.I._1^{(3)}, R.I._2^{(3)}, R.I._3^{(3)}) w^{(2)} = (0.52, 0, 0) \cdot (0.571\,429, 0.142\,857,$$
$$0.285\,714)^T = 0.297\,143$$

$$C.R.^{(3)} = \frac{C.I.^{(3)}}{R.I.^{(3)}} = \frac{0}{0.297\,143} = 0 < 0.1$$

$$C.I.^{(4)} = (C.I._1^{(4)}, C.I._2^{(4)}, C.I._3^{(4)}, C.I._4^{(4)}, C.I._5^{(4)}, C.I._6^{(4)}, C.I._7^{(4)}, C.I._8^{(4)}) w^{(3)}$$
$$= (0, 0, 0, 0, 0, 0, 0) \cdot (0.308\,351, 0.169\,692, 0.093\,385, 0.095\,238, 0.047\,619,$$
$$0.142\,857, 0.142\,857)^T$$
$$= 0$$

$$R.I.^{(4)} = (R.I._1^{(4)}, R.I._2^{(4)}, R.I._3^{(4)}, R.I._4^{(4)}, R.I._5^{(4)}, R.I._6^{(4)}, R.I._7^{(4)}, R.I._8^{(4)}) w^{(3)}$$
$$= (0.52, 0.52, 0.52, 0.52, 0.52, 0.52, 0.52)$$
$$\cdot (0.308\,351, 0.169\,692, 0.093\,385, 0.095\,238, 0.047\,619, 0.142\,857, 0.142\,857)^T$$
$$= 0.52$$

$$C.R.^{(4)} = \frac{C.I.^{(4)}}{R.I.^{(4)}} = \frac{0}{0.52} = 0 < 0.1$$

因此,可以得到供水方案的关于费用的合成排序为:

$$w_{费}^{(4)} = (0.316\,192, 0.377\,302, 0.306\,505)^T$$

各个供水方案的效益/成本如下:

市政供水:$\dfrac{0.165\,729}{0.316\,192} = 0.524\,139$

市政再生:$\dfrac{0.411\,471}{0.377\,302} = 1.090\,559$

分散再生:$\dfrac{0.422\,801}{0.306\,505} = 1.379\,424$

方案选择的原则是效益成本比最大,因此,在满足要求的前提下,市场推广的影响依次是分散再生、市政再生和市政供水。

通过专家打分,利用因子分析法得到的效益费用比结果为分散再生、集中再生和市政供水依次减小,说明专家更倾向再生供水,从而使得再生水项目有更好的市场推广前景。

4.3 再生水项目的市场消费导向研究

再生水项目的目的是其再生水能够替代现有的市政供水或者商业用水。研究以市场市政供水为市场畅销产品,以商业用水为滞销产品,采用费歇(Fisher)判别来研究再生水项目后的新生水市场。

费歇判别采用线性判别函数,即:

$$\varphi(x) = a'x = a_1 x_1 + a_2 x_2 + \cdots + a_n x_n \tag{4.17}$$

对于总体 $G^{(1)}$ 和 $G^{(2)}$,其均值为 $\mu^{(1)}$ 和 $\mu^{(2)}$,令

$$\overline{\mu} = \frac{1}{2}(\mu^{(1)} + \mu^{(2)}) \tag{4.18}$$

则把 $\varphi(\overline{\mu})$ 作为判别的临界值,获得费歇判别规则为:

$$\begin{cases} D_1 = \{x : \varphi(x) > \varphi(\overline{\mu})\} \\ D_2 = \{x : \varphi(x) < \varphi(\overline{\mu})\} \\ 待判, \{x : \varphi(x) = \varphi(\overline{\mu})\} \end{cases} \tag{4.19}$$

若母体参数未知,则需通过样本估计。假设来自总体 $G^{(1)}$ 的样本容量为 n_1,来自总体 $G^{(2)}$ 的样本容量为 n_2,其均值向量分别为 $\overline{x}^{(1)}$ 和 $\overline{x}^{(2)}$,其叉积矩阵分别为 S_1 和 S_2,在 n_1 和 n_2 相差不大时,将样本混合起来进行估计,则总体协方差阵的估计为:

$$\sum = \frac{1}{n_1 + n_2 - 2}(S_1 + S_2) \tag{4.20}$$

费歇判别是借助方差分析的思想,即类内离差平方和最小,类间离差平方和最大。

定义判别效率 $L(a)$ 为:

$$L(a) = \frac{\frac{1}{2}a'(\mu^{(1)} - \mu^{(2)})(\mu^{(1)} - \mu^{(2)})'a}{a'\sum a} \tag{4.21}$$

运用极值原理,欲使判别效率最高,则用 $L(a)$ 对 a 求偏倒数,并令其为 0。通过运算,在 n_1 和 n_2 相差不大时,得到样本的判别函数为:

$$\varphi(x) = (n_1 + n_2 - 2)x'(S_1 + S_2)^{-1}(\overline{x}^{(1)} - \overline{x}^{(2)}) \tag{4.22}$$

去掉常数项,可得:

$$\varphi(x) = x'(S_1 + S_2)^{-1}(\overline{x}^{(1)} - \overline{x}^{(2)}) \tag{4.23}$$

4.4 西安再生水市场消费导向实例分析

西安市现辖有 9 区 4 县,其中较为繁华城三区的高新区、莲湖区、碑林区,城郊三区的灞桥区、雁塔区、未央区和由县转为区的长安区、阎良区、临潼区。4 县包括蓝田县、周至县、户县和高陵县。研究主要探究居民对再生水项目产品的市场认可程度,因此分别选取城三区、城郊三区和县转区的各两个区共六个区进行研究,并从选取的

每个区抽取一个住宅小区进行居民评分。按上述标准,研究选取新城区的西安绿地世纪城、莲湖区荣民国际公寓、灞桥区的华清园、未央区长庆兴隆园、西安长安区春天花园、临潼区碧云小区共六个居民小区进行市场消费导向研究。

研究选取水产品的水质、水价、水环境作为市场属性指标,由六个小区的居民进行评分,其综合评分结果见表 4.29。另外,西安绿地世纪城居民对中水再生水的属性水质、水价、水环境的综合评分分别为:5、8、5。

表 4.29　西安各小区供水产品市场属性指标居民评分

小区名称	市政供水			市政商业供水		
	产品特性			产品特性		
	水质	水价	水环境	水质	水价	水环境
绿地世纪城	7	6	6	6	4	5
荣民国际公寓	6	5	6	6	4	6
华清园	8	8	6	7	6	6
长庆兴隆园	7	8	7	7	7	5
春天花园	7	6	5	7	5	5
碧云小区	7	6	6	6	4	6
合计	42	39	36	39	30	33

由表 4.29 给出的样本数据,可以计算出两组供水产品的样品均值向量分别为:

$$\bar{x}^{(1)} = (7 \quad 6.5 \quad 6)'$$
$$\bar{x}^{(2)} = (6.5 \quad 5 \quad 5.5)'$$

两组供水产品中心转化后的离差矩阵为:

$$X_0^1 = \begin{bmatrix} 0 & -0.5 & 0 \\ -1 & -1.5 & 0 \\ 1 & 1.5 & 0 \\ 0 & 1.5 & 1 \\ 0 & -0.5 & -1 \\ 0 & -0.5 & 0 \end{bmatrix} \qquad X_0^2 = \begin{bmatrix} -0.5 & -1 & -0.5 \\ -0.5 & -1 & 0.5 \\ 0.5 & 1 & 0.5 \\ 0.5 & 2 & -0.5 \\ 0.5 & 0 & -0.5 \\ -0.5 & -1 & 0.5 \end{bmatrix}$$

两组的差积矩阵分别为:

$$S_1 = X_0^{(1)'} X_0^1 = \begin{bmatrix} 2 & 3 & 0 \\ 3 & 7.5 & 2 \\ 0 & 2 & 2 \end{bmatrix}$$

$$S_2 = X_0^{(2)'} X_0^2 = \begin{bmatrix} 1.5 & 3 & -0.5 \\ 3 & 8 & -1 \\ -0.5 & -1 & 1.5 \end{bmatrix}$$

两组的共同交叉矩阵为：

$$S=S_1+S_2=\begin{bmatrix} 3.5 & 6 & -0.5 \\ 6 & 15.5 & 1 \\ -0.5 & 1 & 3.5 \end{bmatrix}$$

S 的伴随矩阵为：

$$S^*=\begin{bmatrix} 53.25 & -21.5 & 13.75 \\ -21.5 & 12 & -6.5 \\ 13.75 & -6.5 & 18.25 \end{bmatrix}$$

S 的可逆矩阵为：

$$S^{-1}=\begin{bmatrix} 0.020\ 88 & -0.008\ 43 & 0.005\ 39 \\ -0.008\ 43 & 0.004\ 71 & -0.002\ 55 \\ 0.005\ 39 & -0.002\ 55 & 0.007\ 16 \end{bmatrix}$$

判别系数的向量为：

$$S^{-1}(\overline{x}^{(1)}-\overline{x}^{(2)})=\begin{bmatrix} 0.020\ 88 & -0.008\ 43 & 0.005\ 39 \\ -0.008\ 43 & 0.004\ 71 & -0.002\ 55 \\ 0.005\ 39 & -0.002\ 55 & 0.007\ 16 \end{bmatrix}\begin{bmatrix} 0.5 \\ 1.5 \\ 0.5 \end{bmatrix}=\begin{bmatrix} 0.000\ 49 \\ 0.001\ 57 \\ 0.002\ 45 \end{bmatrix}$$

判别函数为：

$$\varphi(x)=X'S^{-1}(\overline{x}^{(1)}-\overline{x}^{(2)})=0.000\ 49x_1+0.001\ 57x_2+0.002\ 45x_3$$

两组均值向量为：

$$\overline{x}=\frac{1}{2}(\overline{x}^{(1)}+\overline{x}^{(2)})'=(6.75\quad 5.75\quad 5.75)'$$

判别函数的阈值计算为：

$$\varphi(\overline{x})=0.000\ 49\times6.75+0.001\ 57\times5.75+0.002\ 45\times5.75=0.026\ 42$$

则西安中水供应的判别值为：

$$\varphi(x)=0.000\ 49\times5+0.001\ 57\times8+0.002\ 45\times5=0.027\ 26$$

$$\varphi(x)>\varphi(\overline{x})$$

故西安再生水项目的生产的水产品将会畅销。

利用居民评分的费歇判别结果表明，再生水产品更接近畅销产品市政供水而不是滞销产品商业用水，说明居民能够接受再生水项目产品的属性，其产品将会畅销。

这种结果主要和中国政府的大力宣传、持续支持有关。人们逐渐接受再生水的浇洒道路、绿化植物、增设水景、洗车等功能活动，同时也可以作为消防、冷冻等工业用水的水源水。诚然，这也有居民的经济考虑的原因，例如一些比较节省的家庭，利用洗衣水、微污染的洗菜水等进行拖地和其他活动，这说明利用再生水，已经可以达到国民的共识。

第5章　再生水供应的单因素经济分析

经济在人类的活动中,发挥着重要的作用。在功能相同的情况下,一般人们会选择较为经济的方式。科技工作者的研究,更多地集中在水处理技术和理论,很少能够采用较全面地动态分析方法来分析再生水的制水成本和动态投资回收期。再生水的利用在中国城市中还是"凤毛麟角",而采用的经济分析也一般多是静态、片面的分析手段。因此,这里对供水方案的单位用水造价,采用动态分析手段。研究以西安某小区实施的分散再生水项目为对比参照,和西安的市政再生水的水价为参照,进行分析研究,并得出分散再生水项目的动态投资回收期。

5.1　再生水项目的财务统计

5.1.1　分散再生水项目及可行性方案的选取

分散再生水项目中的水源水是杂排水,其中的污染物不是很高,因而可以采用过滤的方式进行处理。可以选取砂滤、果壳滤料(可以吸附厨房中的油的污染物)和改性纤维球。另外,膜处理已经得到比较广泛的应用,因此,方案选取膜处理作为一个处理方案。方案选取淹没式生物膜处理作为再生水项目的一个重要方案。同时,又因为因子分析法需要一定的样本容量,因而,选取另外几种 MBR 方案作为参考,并没有更多的实际意义,只不过是为了满足因子分析的样本容量。在进行经济分析时,再生水项目各方案每天产生干污泥 0.3 t,使用 PAM 3.5~6.5 kg/t。

(1)流化床

在西安绿地再生水项目的过程中,后续试验证明,可以通过调节进水方式,即把景观水进入流化床运行,并增大投加絮凝药剂量,也可以达到去除的目的。因为,评价方案选取这两种形式,作为再生水项目的评价方案,称作流化床方案 1 和流化床方案 2。流化床方案 1 是指增添"Fe_3O_4"磁种作为助凝剂,而方案 2 则为增加 PAM 助凝剂和 PAC 用量。

在处理的过程中,采用的聚合氯化铝(PAC)为 1 200 元/t(含运费),聚丙烯酰胺(PAM)为 9 900 元/t(含运费),四氧化三铁为 3 580 元/t(含运费)。

流化床处理工艺如图 5.1 和图 5.2 所示。

(2)过滤

该方案采用三种滤料,其特性见表 5.1。

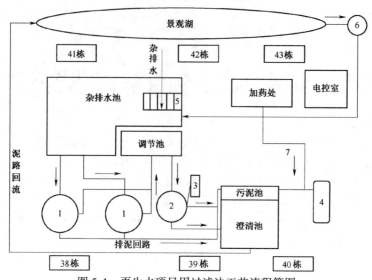

图 5.1　再生水项目用过滤法工艺流程简图

1—过滤罐;2—自动排渣高效气浮设备;3—臭氧发生器;4—泥饼压缩机;

5—细格栅设备;6—提升泵井;7—聚丙烯酰胺

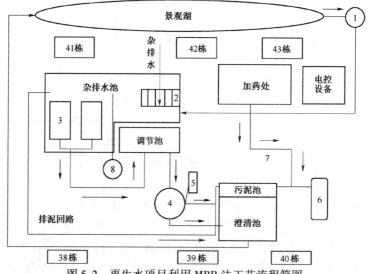

图 5.2　再生水项目利用 MBR 法工艺流程简图

1—提升泵井;2—细格栅设备;3—膜组件;4—气浮消毒设备;5—臭氧发生器;

6—泥饼压缩机;7—聚丙烯酰胺;8—鼓风曝气装置

(3)膜处理

膜生物反应器(membrane bioreactor,MBR)作为一种安全、高效的水处理方式,随着膜技术的发展和膜造价的降低,膜处理在水处理行业越来越处于主导地位。MBR

表 5.1 滤料的物理性质及单位造价

滤料	堆密度	比重	价格	粒径
果壳滤料(核桃壳滤料)	0.85 g/cm³	1.5 g/cm³	2 000 元/t	0.8~1.2 mm
页岩陶粒	1.0~1.19 g/cm³	2.26 g/cm³	300 元/t	5~25 mm
改性纤维球	75~85 kg/m³	1.38 g/cm³	32 元/kg	15~25 mm

主要由生物反应器和膜组件两部分组成。污染物主要在膜生物反应器中进行降解。而膜组件主要通过机械筛分、截留等作用对水和进行固-液分离。MBR 在污水处理中有较广泛的应用。

研究中的 MBR 方案采用气水反冲洗法进行膜污染处理。后面的 MBR 方案主要起参考作用。

5.1.2 再生水项目项目的设备造价和能源消耗统计

根据再生水项目工艺和阿里巴巴网提供造价,再生水项目各方案的设备造价和能源消耗情况统计见附录中附表 5.1~附表 5.7。

5.1.3 再生水项目项目具体费用统计

西安绿地世纪城项目中再生水的水源来自 6 栋 30 层 1 440 户,西安用水量定额为每人每天 200 L,算得供水为 864 m³/d,如果在算上小区的绿化、浇洒道路、洗车等用水,所以设计流量为 325 m³/d 的再生水,是可以发挥功能效益的。根据 2010 年,西安市绿地世纪城供水价格,商业用水为 18 元/m³,市政居民用水为 2.94 元/m³,市政再生用水为 1.17 元/m³。

在城市寸土寸金的今天,再生水项目的场所也是一笔重要的投资。在绿地世纪城中,其场所由房地产商提供。研究根据其所处地下室的位置,和同一环境的车库价格计算。根据面积的大小,再生水项目场所相当于 10 个车位的面积(车库之间有道路,也一并计算在内)。根据绿地世纪城现场销售价格,每个车位为 12~13 万元,按 12.5 万元计算,因此再生水水处理站场所的投资费用为:10×12.5 = 125 万元。

针对管理费用,研究对市政供水采用三班制,需要 3 个人工计算。而针对再生水项目方案则增加 2 个人工成本。其工资待遇按照西安绿地世纪城工人工资标准计算,为每人每月 1 200 元计算(2010 年统计)。

维修费因为在会计核算中,取消了大修费的计算方法。因此,研究中根据实际情况,取设备投资的 2% 和管道系统的投资的 1% 作为每年的维修费用。维修费包括土建的维护费用。

项目中的膜、滤料、药剂等价格从阿里巴巴网获得,其中滤料的更换费用按每年总滤料费用的 1/10 统计。根据供水项目工艺和陕西预算定额,并结合工程结算,获得统计列表见表 5.2。表 5.2 是按照供水项目本身的角度进行数据统计的。

表5.2 供水方案费用一览表

费用 / 方案	场地费（万元）	设备费（万元）	土建费（万元）	管道系统费用（万元）	动力费（万元/年）	药剂费（万元/年）	污泥运输费（万元/年）	管理费（万元/年）	膜费用（万元/年）	滤料费用（万元/年）	滤料更换费（万元/年）	用水单价（元/m³）	用水费用（万元/年）	维修费（万元/年）
市政工业用水	0	0	0	30.525 96	0	0	0	4.32	0	0	0	18.00	213.525	0.305 3
市政居民用水	0	0	0	30.525 96	0	0	0	4.32	0	0	0	2.94	34.875 75	0.305 3
市政再生水	0	0	0	30.525 96	0	0	0	4.32	0	0	0	1.17	13.879 125	0.305 3
一体化造粒流化床工艺1	125	29.542 9	8.7	56.051 9	1.948 33	1.099 2	0.12	7.2	0	0	0.001 2	0	0	1.156 0
一体化造粒流化床工艺2	125	29.542 9	8.7	56.051 9	1.948 33	1.560 9	0.12	7.2	0	0	0	0	0	1.156 0
中空纤维超滤膜（国产）	125	23.443 6	8.7	55.051 9	1.875 79	0.379 4	0.12	7.2	1.05	0	0	0	0	1.019 4
果壳滤料	125	35.550 2	8.7	54.951 9	1.802 10	0.379 4	0.12	7.2	0	0.255 8	0.025 58	0	0	1.260 5
页岩陶粒	125	35.550 2	8.7	54.951 9	1.802 10	0.379 4	0.12	7.2	0	0.037 5	0.003 75	0	0	1.260 5
改性纤维球	125	35.550 2	8.7	54.951 9	1.802 10	0.379 4	0.12	7.2	0	0.679 7	0.067 97	0	0	1.260 5
无机膜MBR1（进口）	125	23.443 6	8.7	55.051 9	10.421 1	0.379 4	0.12	7.2	0.798	0	0	0	0	1.019 4
无机膜MBR2（国产）	125	23.443 6	8.7	55.051 9	10.421 1	0.379 4	0.12	7.2	0.315	0	0	0	0	1.019 4
一体式MBR3（进口）	125	23.443 6	8.7	55.051 9	1.875 79	0.379 4	0.12	7.2	1.312 5	0	0	0	0	1.019 4
分离式MBR4（国产）	125	23.443 6	8.7	55.051 9	7.503 16	0.379 4	0.12	7.2	0.525	0	0	0	0	1.019 4

5.2　资金的时间价值和方案经济评价

5.2.1　资金的时间价值

资金的时间价值是指资金随着时间的推移而发生的增值,也称货币的时间价值。货币的时间价值就是指当前所持有的一定量货币比未来获得的等量货币具有更高的价值。从经济学的角度而言,现在的一单位货币与未来的一单位货币的购买力之所以不同,是因为要节省现在的一单位货币不消费而改在未来消费,则在未来消费时必须有大于一单位的货币可供消费,作为弥补延迟消费的贴水。从量的规定性来看,资金的时间价值是没有风险和没有通货膨胀下的社会平均资金利润率。在计量货币时间价值时,风险报酬和通货膨胀因素不应该包括在内。资金的时间价值不产生于生产与制造领域,产生于社会资金的流通领域。

本杰明·弗兰克说:钱生钱,并且所生之钱会生出更多的钱。这就是货币时间价值的本质。货币的时间价值(Time value of money)这个概念认为,当前拥有的货币比未来收到的同样金额的货币具有更大的价值,因当前拥有的货币可以进行投资。即使有通货膨胀的影响,只要存在投资机会,货币的现值就一定大于它的未来价值。

资金的时间价值主要用现值和终值来体现。

对于资金的时间价值,可以从两个方面理解:

(1)随着时间的推移,资金的价值会增加。这种现象叫资金增值。在市场经济条件下,资金伴随着生产与交换的进行不断运动,生产与交换活动会给投资者带来利润,表现为资金的增值。从投资者的角度来看,资金的增值特性使其具有时间价值。

(2)资金一旦用于投资,就不能用于即期消费。牺牲即期消费是为了能在将来得到更多的消费,个人储蓄的动机和国家积累的目的都是如此。从消费者的角度来看,资金的时间价值体现为放弃即期消费的损失所应得到的补偿。

资金的增值过程随资金投入的方式的不同而不同。人们可以把钱投存入银行;也可以购买债券,从而获得利息;也可以购买各种股票获取股息和股本增值;或者直接投资于企业、项目等从而获得利润。一般情况下,收入与风险并存,将钱存入银行或购买债券获利较少,但由于银行平均信誉较高,因而风险较小;若将钱投资于证券市场,买股票获利一般比银行利息较高,但风险也会加大;此外,若将资金投资办企业等,则收益不仅仅取决于投资者对市场的把握和运作,而且由于许多不确定的因素存在,风险也是不言而喻的。但是不论资金的投入方式是什么,资金、时间、利率(含利润率)都是获取利润最关键的是三个因素,缺一不可。对我们评价一个投资方案而言,要做出正确的评价,就必须要同时考虑这三者及其之间的关系,也就是说必须考虑资金的时间价值。

资金的时间价值通常借助于复利计算来表述,在对投资方案进行经济评价时,考虑了资金的时间价值,则称为动态评价;若不考虑资金的时间价值,则称为静态评价。

5.2.2 利息的种类及计算

所谓利息(interest)是指一定数量的货币值(本金额)在单位时间内的增加额,利息率(interest rate)是指单位时间内(通常为一年)的利息额(增加额)与本金额之比。把单位时间内资金产生的增值(利息或利润)和其本金额的比值称之为"收益率"或者"利率",一般情况下用百分数表示。用来表示计算利息的时间单位则称之为计息期,计息期可长可短,例如年、半年、季度、月等。通常情况下,计息是按年来计息。一般将利息分为单利和复利两种。把本金与利息之和称之为本利和。本利和与利息的计算与计息周期和计息方式相关。

(1)单利利息

单利利息即是每期仅按本金计算利息,而对本金所产生的利息不再计算利息。这种计息方式,它的利息总额与借款时间成正比。用 I 代表所付或所收的总利息,P 代表本金,n 代表计息期数,i 代表利率,则有:

$$I = Pni \tag{5.1}$$

若用 F 代表本利和,则可以得到以下公式:

$$F = P + I = P(1 + ni) \tag{5.2}$$

(2)复利利息

复利利息是指借款人在每期的期末不支付利息,而将该期利息转为下期本金,下期再按本利和的总额计息。即不但本金产生利息,而且利息也会产生利息。如果按照该计算方法进行计算,则本利和 F 的公式为:

$$F = P(1 + i)^n \tag{5.3}$$

(3)名义利率与实际利率

一般在复利计算中通常所说的的利率指年利率,计息期也以年为单位。如果年利率相同,而计息期不同时其利息也是不同的,因而存在名义利率(titular interest)(非有效利率)与实际利率(real interest rate)(有效利率)之分。现在常用实际利率来计算。若用 r 代表名义利率,i' 代表周期利率,m 代表每年的计息周期数,则 r、i'、m 存在此关系:

$$r = i' \times m \text{ 或 } i' = \frac{r}{m} \tag{5.4}$$

通常的年利率都是指名义利率,如果后面不对计息期加以特殊说明,则就是以一年计息一次,此时的年利率也就是年实际利率,或说是年有效利率。如果名义利率为

r,现在的 P 元现金在一年中计息 m 次,每次计息的利率为 $\dfrac{r}{m}$,根据复利计算的计算公式,P 元资金年末本利和为:$F=P\left(1+\dfrac{r}{m}\right)^{m}$ 则 P 元资金在一年中产生的利息为:

$P\left(1+\dfrac{r}{m}\right)^{m}-P$。根据利率的定义,利息与本金之比为利率,则年实际利率为:

$$I(年实际利率)=\frac{P\left(1+\dfrac{r}{m}\right)^{m}-P}{P}=\left(1+\dfrac{r}{m}\right)^{m}-1 \tag{5.5}$$

将此公式称为离散型复利计息的年实际利率计算公式。所谓离散型复利是指按期(年、季、月……)计息的方式。并且计息次数越多,实际利率越大。

(4)连续式复利

连续式复利是指按照瞬时计息的方式,这样,复利可以在一年中按无限多次计算,其年实际利率为:$i=\lim\limits_{m\to\infty}\left(1+\dfrac{r}{m}\right)^{m}-1$ 通过化简也可得到 $i=\lim\limits_{m\to\infty}\left(1+\dfrac{r}{m}\right)^{m}-1=e^{r}-1$

则连续式复利计算公式为:

$$i(年实际利率)=e^{r}-1(e=2.718\,28) \tag{5.6}$$

但在实际应用过程中,应注意:

①就整个社会而言,资金在一直不停地运动,每时每刻都通过生产和流通在增值,从理论上讲我们应该用连续复利来分析,但在进行经济评价时,实际是更多的用离散式复利的情况。

②在进行投资方案比较时,如果各方案均采用相同的计算期和年名义利率,由于他们计算利息次数不同彼此也不可比,应先将年名义利率化成年实际利率后再进行计算和比较。

5.2.3　资金的等值计算

(1)现金流量图

所谓现金流量图(cash flow diagram),就是把时间标在横轴上,现金收支量标在纵轴上,就可以形象地表示现金收支与时间的关系,为了形象的表述现金变化过程,通常用图示的方法将方案现金流进与流出量值的大小、发生的时点描绘出来,则称为现金流量图。资金的流进叫现金流入(cash income);资金的流出叫现金流出(cash expense);在计算期内,资金在各年的收入与支出量叫做现金流量(cash flow);同一时期发生的收入与支出量的代数和叫做净现金流量。现金流量图的画法,如图 5.3 所示。

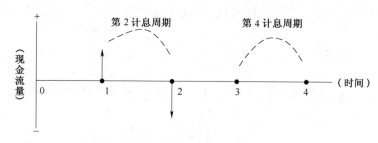

图 5.3　现金流量图的作法

①画一水平射线为时间坐标(横坐标),将射线分成相等的时间间隔,自左向右为时间的递增,表示时间的历程。间隔的时间单位依计息期为准,通常以年为单位,用 0,1,2,3,…,n 表示。特别情况下可以用半年、季、月等表示。在分段点所定的时间通常表示该时点末(一般表示为年末),同时也表示为下一个时点初(下一年的年初),例如时点 1 表示第一年的年末或第 2 年的年初。

②作垂直线,垂直线表示时点上系统所发生的现金流量。用带箭头的线段表示现金流量,其长短表示资金流量的大小;箭头向上的线段表示现金流入(收入),其现金流量为正(+);箭头向下的线段表示先进的流出(支出),其现金流量为负(−)。其中此现金流量图中现金流入(收入)和现金流出(支出)是相对于立足点而言的。有时现金流量图可以简化。线段的长度代表发生的金额大小,按比例画出。需要特别说明的是,现金流的大小和箭线长短不成正比例关系,即代表 100 的箭线与代表 10 的箭线长短,只需代表 100 的长于代表 10 的,不需要是 10 倍长度关系。

(2)等值计算

1) 等值的含义

如果两个事物的作用效果相同,则称这两个事物是等值的。在工程经济分析中,等只是一个很重要的概念,货币的等值包括三个因素,金额的大小,金额发生的时间和利率的大小。资金等值是指在考虑资金时间价值因素后,不同时间点上数额不等的资金在一定利率条件下具有相等的价值。其含义是:由于利息的存在,因而使不同时点上的不同金额的货币可以具有相同的经济价值。例如,现在借入 1 000 元,年利率是 10%,一年后要还的本利和是 1 000+1 000×0.1=1 100 元,因而说现在的 1 000 元与一年后的 1 100 元等值,也就是说实际经济价值相等。

2) 等值计算公式

资金等值在经济分析中是一个非常重要的概念,利用等值的概念,可以把一个时点发生的资金额折算成另一个时点的等值资金,我们称这一个过程为等值计算。在考虑资金时间价值的计算中,常用以下符号:

P——现值(present value),即相对于终值的任何较早时间的价值;

F——终值(future value),即相对于现值的任何以后时间的价值;

A——连续出现在各计息期末的等值支付金额;

G——每一时间间隔收入与支出的等差变化值;

i——每个计息周期的利率;

n——计息周期数。

资金的等值计算实质上就是在现值 P、终值 F、年金 A 这三个数值之间转换的过程。而资金等值计算也要满足假设条件,如下:

①对于实施方案的建设投资,假定发生在方案的每个计息期(年)初,即第一年年初,通常以第 0 年表示;

②方案实施过程中的经常性支出,即假定收益和费用发生在计息期的期末,即每年年末;

③本期的期末为下期的期初,也就是说,本年的年末即是下一年的年初。例如第 1 年的年末同时为第 2 年的年初;

④现值 P 在当期期初发生;

⑤终值 F 在当前以后的第 n 期期末发生,也就是第 n 年年末发生;

⑥年等值 A 是在考察期间各年年末发生,当问题包括 P 和 A 时,系列的第一个 A 是在 P 发生后的一个期间后的期末发生;当问题包括 F 和 A 时,最后一个 A 与 F 同时发生;

⑦均匀梯度系列中,第一个 G 发生在系列的第二年年末。

必须满足这些假设条件,才能使用资金等值计算的公式,否则需要转换后方可使用。

经济分析中,还有一些经常遇到的公式:

①一次支付现值公式和终值公式

假定在时间 $t=0$ 时的资金现值为 P,并且利率 i 已定,则复利计息的几个周期后的终值 F 的计息公式为:

$$F=P(1+i)^n \tag{5.7}$$

其中 $(1+i)^n$ 称为一次支付终值系数,可记为 $(F/P,i,n)$,其值通过查表可知,公式对应的现金流量图如图 5.4 所示。

在图中,当终值 F 和利率 i 已知时,由公式(5.7),就可以得到按照复利计息的现值 P 的计算公式为:

$$P=F(1+i)^{-n} \tag{5.8}$$

其中 $(1+i)^{-n}$ 称为一次支付现金系数,可记为 $(P/F,i,n)$ 其值可通过查表得到。将未来的金额依据某个利率按复利计息折算成现值,也就是说把将来某一时点的金额换算成与现在时点等值的金额,这一核算过程称之为"折现"或"贴现",其换算的

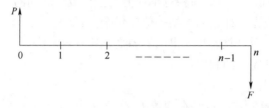

图 5.4　一次支付系列现金流量图

结果就是金额的"现值"。折现或贴现时所利用的利率称"折现率"或"贴现率",一般用 i 表示。

②等额支付系列终值公式和积累基金公式

在经济的研究中,常常需要求出连续在若干期的期末支付等额的资金 A,最后所积累起来的资金为多少。假定利率为 i,则第 n 年年末积累的资金即终值 F 为:

$$F = A(1+i)^0 + A(1+i)^1 + \cdots + A(1+i)^{n-1}$$

以 $(1+i)$ 乘上式,可得:

$$F(1+i) = A(1+i)^1 + A(1+i)^2 + \cdots + A(1+i)^n ,$$

整理得:

$$F = A \frac{(1+i)^n - 1}{i} \tag{5.9}$$

将此公式称为等额支付系列终值公式,式中 $\dfrac{(1+i)^n - 1}{i}$ 简记为 $(F/A, i, n)$ 称为等额支付系列终值系数,其值可以查表可得。

若将公式 (5.9) 变换,则可以得到等额支付系列积累基金公式:

$$A = F \frac{i}{(1+i)^n - 1} \tag{5.10}$$

在此式中,$\dfrac{i}{(1+i)^n - 1}$ 叫做等额支付系列积累基金系数,通常用 $(A/F, i, n)$ 表示,其值可以计算得到,也可查表可知,其现金流量图如图 5.5 所示。

③等额支付系列资金恢复公式和现值公式

某人以年利率 i 存入资金 P,他要在今后 n 年内连本带息在每年年末以等额资金 A 的方式取出,可用图 5.6 表示。

由 $F = P(1+i)^n$ 和 $A = F \dfrac{i}{(1+i)^n - 1}$ 可知:

$$A = P \frac{i(1+i)^n}{(1+i)^n - 1} \tag{5.11}$$

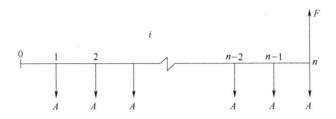

图 5.5 等额支付系列(F、i、A、n)现金流量图

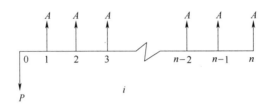

图 5.6 等额支付系列(P、A、i、n)的现金流量图

这个公式被称为等额支付系列恢复公式,式中$\dfrac{i(1+i)^n}{(1+i)^n-1}$称为等额支付系列基金恢复系数,记为($A/P,i,n$)其值的计算也可以通过查表可知。

若按年利率 i 计算,为了能在今后几年内,每年年末获取相等金额 A 的收入,那么,现在必须投资的金额可以用下式计算:

$$P = A \frac{(1+i)^n - 1}{i(1+i)^n} \tag{5.12}$$

此公式等额支付系列现值公式,式中$\dfrac{(1+i)^n-1}{i(1+i)^n}$称为等额支付系列现值系数,简化为($P/A,i,n$)其值通过查表可知。

④均匀梯度系列公式

这是一种等额增加或减少的现金流量系列。比如说设备的维修费用,往往随设备的陈旧程度逐年增加。这类逐年增加的费用,虽不严格地按照线性规律变化,但可根据多年资料,整理成梯度系列的简化计算。若用 G 代表收入或支出的年等差变化值,有一均匀梯度变化现金流量系列如图 5.7 所示,假定已知 A_1 和 G,用以下方法可求与它等值的现值的公式。

先将图 5.7 所示的均匀梯度现金流量系列分解为图 5.8 所示的两个现金流量系列,其中一个是从第一年年末起每年年末发生等额金额 A_1,另一个系列为从第二年年末起发生金额 G,以后每年增加数额 G。

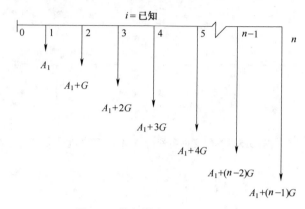

图 5.7　均匀梯度现金流量系列

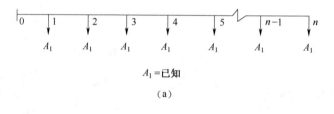

（a）

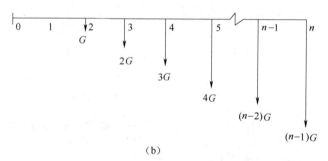

（b）

图 5.8　均匀梯度现金流量系列分解

由图 5.8(a)的现金流量的等值现值为：$P_1 = A_1 \left[\dfrac{(1+i)^n - 1}{i(1+i)^n} \right]$

由图 5.8(b)的等值现值为：

$$P_2 = \frac{G}{(1+i)^2} + \frac{2G}{(1+i)^3} + \cdots \frac{(n-2)G}{(1+i)^{n-1}} + \frac{(n-1)G}{(1+i)^n}$$

$$= G\left[\frac{1}{(1+i)^2} + \frac{2}{(1+i)^3} + \cdots + \frac{n-2}{(1+i)^{n-1}} + \frac{n-1}{(1+i)^n} \right]$$

上式两边乘(1+i)，再与其相减后，整理可得：

$$P_2 = \frac{G}{i}\left[\frac{(1+i)^n - 1}{i(1+i)^n} - \frac{n}{(1+i)^n}\right]$$

则：

$$P = P_1 + P_2 = A_1\left[\frac{(1+i)^n - 1}{i(1+i)^n}\right] + \frac{G}{i}\left[\frac{(1+i)^n - 1}{i(1+i)^n} - \frac{n}{(1+i)^n}\right] \qquad (5.13)$$

此式称为均匀梯度增加系列现值公式，式中 $\frac{1}{i}\left[\frac{(1+i)^n - 1}{i(1+i)^n} - \frac{n}{(1+i)^n}\right]$ 称为均匀梯度系列现值函数，用符号 $(P/G, i, n)$ 表示。也可将式（5.13）记为 $P = P_1 + P_2 = A_1(P/A, i, n) + G(P/G, i, n)$

如果再把均匀梯度系列现值公式（5.13）两边同乘以一次支付终值系数 $(1+i)^n$，即可得到均匀梯度系列终值公式：

$$F = A_1\left[\frac{(1+i)^n - 1}{i}\right] + \frac{G}{i}\left[\frac{(1+i)^n - 1}{i} - n\right] \qquad (5.14)$$

式中 $\frac{1}{i}\left[\frac{(1+i)^n - 1}{i} - n\right]$ 称为均匀梯度系列终值系数，用符号 $(F/G, i, n)$。因此式（5.14）也可以记为：$F = A_1(F/A, i, n) + G(F/G, i, n)$

若要将图 5.7 的均匀梯度现金流量系列换成等值等额系列支付 A，则可先求图 5.8（b）的等值等额系列支付 A_2。

$$A_2 = \frac{G}{i}\left[\frac{(1+i)^n - 1}{i(1+i)^n} - \frac{n}{(1+i)^n}\right] \cdot \left[\frac{i(1+i)^n}{(1+i)^n - 1}\right] = G\left[\frac{1}{i} - \frac{n}{(1+i)^n - 1}\right]$$

于是：$A = A_1 + A_2 = A_1 + G\left[\frac{1}{i} - \frac{n}{(1+i)^n - 1}\right] \qquad (5.15)$

此式称为均匀梯度系列等值年度费用公式，$\left[\frac{1}{i} - \frac{n}{(1+i)^n - 1}\right]$ 称为均匀梯度系列年度费用系数，用符号 $(A/G, i, n)$ 表示，其值查表可知，也可计算可得。此外，梯度系数也可用来计算均匀减少的系列，其计算式为：

$$A = A_1 - A_2 = A_1 - G\left[\frac{1}{i} - \frac{n}{(1+i)^n - 1}\right] = A_1 - (A/G, i, n)$$

（3）计息期与支付期相同的计算

我们先考虑计息期、支付期为一年或短于一年的资金等值计算。对计息期或支付期长于一年的资金等值计算可仿此类似处理。这样，我们可以将投资项目资金等值计算按计息期是否为一年分为两大类：计息期为一年的资金等值计算与计息期短于一年的资金等值计算。计息期为一年的资金等值计算按支付期是否为一年又分为两类：支付期为一年和支付期短于一年的资金等值计算；计息期短于一年的资金等值计算按支付期的不同又分为三类:计息期等于支付期,计息期短于支付期和计息期长于支付期的资金等值计算。因此,各种情况资金等值计算可下列结构表示。

$$
资金等值计算
\begin{cases}
计息期为一年
\begin{cases}
支付期为一年 \\
支付期小于一年
\end{cases} \\
计息期小于一年
\begin{cases}
计息期等于支付期 \\
计息期小于支付期 \\
计息期大于支付期
\end{cases}
\end{cases}
$$

1)支付期为一年的等值计算

计息期为一年时,实际利率与名义利率相同,此种情况也属于计息期等于支付期的等值计算。是最简单的一类资金等值计算,即直接利用基本复利计算公式进行资金等值计算。

2)计息期小于一年的等值计算

计息期小于一年时,实际利率与名义利率不相同,此时要先求出利息期的实际利率后,再利用等值计算公式进行计算。此种情况也属计息期长于支付期的等值计算。首先计算出支付期的实际利率,然后以支付期为单位利用基本复利计算公式进行等值计算。

(4)计息期与支付期不相同的计算

通常是将其转化成计息期与支付期相同后再利用等值公式进行计算。

1)当计息期短于支付期,首先转化为符合等值公式的要求,这种情况有两种处理方法。一种方法是:利用公式计算出计息期实际利率,以计息期为单位利用基本复利计算公式进行等值计算;另一种方法是:利用公式计算出计息期实际利率,再利用公式计算出支付期的实际利率,以支付期为单位利用基本复利计算公式进行等值计算。

2)当计息期长于支付期时要满足要求:存款必须存满一个利息期时才计算利息,也就是说,在计息期间存入(或借入)的款项在该期不计算利息,要到下一期才计算利息。因此,计息期间的存款或借款应放在期末,而计息期间的提款(或还款)应放在期初。这种情况是最复杂的一类资金等值计算。首先利用公式计算出计息期的实际利率,再利用公式计算出支付期的实际利率,以支付期为单位利用基本复利计算公式进行等值计算。

5.2.4 投资方案评价的主要判据

对于工程项目或者是工程技术方案都可以将它们看做是一种投资方案。对于某一个投资方案而言,仅仅靠技术上的可行是不够的,还必须作经济上是否合理的判断,只有技术上可行,经济上有合理的投资方案,最后才能得以实施。我们通常用来判断方案经济可行性的判据常用:投资回收期、投资收益率、净现值、将来值、年度等值,内部收益率和动态投资回收期等等。

(1)投资回收期、投资收益率

若对于一个工程项目,作为投资人来说,他关心的问题除了项目的技术上可行性之外,就是该项目何时能回收成本的问题,此时所说的"何时回收成本"实际上就是用回收期来评价投资方案。所谓投资回收期(period of investing recovery)是指投资方案所产生的净现金收入补偿全部投资需要的时间长度(通常以"年"为单位),也就是说项目或方案投产以后,用每年所获得的净收益回收项目或方案的全部投资所需要的时间,是反映项目投资回收能力的重要指标,也可以反映出项目或方案财务上偿还总投资的能力和资金周转速度的综合指标。投资回收期根据其计算是否考虑资金时间价值而分为静态投资回收期和动态投资回收期。所以对应的评价方法也可分为静态投资回收期法和动态投资回收期法。静态投资回收期简单、直观,但没有考虑资金的时间价值,没有考虑各个方案的经济寿命和投资回收期后的收益,没有考虑各方案整个计算期内现金流量发生的时间及变化情况,因为这种评价方案不够合理,不符合实际,所以通常采用的是动态投资回收期法。投资回收期的计算开始时间有两种,一种是从出现正现金流量的那年算起,另一种是从投资开始时(0 年)算起,但大部分采用的都是按后一种方法计算。

如果用 P 代表投资方案的原始投资,CF_1 代表在时间 t 时发生的净现金流量,则投资回收期就是满足下列公式 P_t 的值。

$$\sum_{t=0}^{P_t}(CI-CO)_t = 0 \text{ 或 } \sum_{t=0}^{P_t} CF_1 = 0 \tag{5.16}$$

式中　P_1——投资回收期;

　　　CI——现金流入量;

　　　CO——现金流出量;

$(CI-CO)_t$——第 t 年的净现金流出量,$(CI-CO)_t = CF_1$

若 P 一次性地发生在初期(0 年),且以后每年的净收益相同 $CF_1 = A$,则:

$$P_t = \frac{P}{A} \tag{5.17}$$

实际工程中,投资回收期通常按下列式子计算:

$$\text{投资回收期} = \left[\begin{array}{c}\text{累计净现值开始出现}\\ \text{正值的年份数}(m)\end{array}\right] - 1 + \frac{\text{上年}(m-1)\text{累计净现值的绝对值}}{\text{当年}(m)\text{净现值}}$$

$$\tag{5.18}$$

当投资回收期 P_t 小于或等于基准投资回收期 P_c(所谓基准投资回收期是指按国家或行业部门规定的,投资项目必须达到的回收期标准,用 P_c 表示)时,说明投资方案的经济性较好,方案是可取的;反之,如 P_t 大于 P_c 时,则说明方案的经济性较差,方案不可取。

投资回收期这个评价指标的优点是比较清楚地反映出投资回收的能力和速度。投资回收期短,也就是资金占用的周期短,资金周转快,经济效果较好,它的不足时没有考虑投资回收期以后的收益情况。一般来说,方案的投资回收期越短,方案的经济效益越好,但不能以此来比较方案的优劣,因为,投资回收期短的方案,其投资回收期后的经济效益不一定好,也就是说,这个方案在计算期内的净现值不一定就大。

与投资回收期等效的另一种判据是投资收益率,投资收益率是一定时期内投资净利润与投资额的比率,也称投资报酬率。如果要计算计算企业长期投资收益率包括计算长期股权投资收益率、持有至到期投资收益率、可供出售金融资产收益率、投资性房地产收益率、对外投资总收益率和对内投资总收益率。对企业长期投资收益率的评价主要分项评价各个投资收益率的高低,还要评价企业对外投资总收益率和对内投资总收益率的高低、持有至到期投资收益率和企业发行长期债券的利率高低、长期股权投资收益率和本企业股权分红率高低。在这里我们主要研究的是有关它的内容是指为方案每年获得的净收益 A 与原始投资 P 之比,用 E 表示。它反映了项目投资支出所能取得的盈利水平,是一个评价投资项目经济效益的综合性指标,可以将其表示为:

$$E = \frac{A}{P} \qquad\qquad (5.19)$$

又已知 $P_t = \dfrac{P}{A}$

则容易得到: $E = \dfrac{1}{P_t}$ 或 $P_t = \dfrac{1}{E}$ $\qquad\qquad (5.20)$

采用投资收益率(rate of investing earning)进行投资方案评价时,也应将计息所得的结果与本项目所在的部门或行业的基准投资收益率 E_C 进行比较:当 $E \geqslant E_C$ 时,方案经济性较好,则方案可取;反之,则方案不可取。

(2)现值、终值及年度等值

投资方案经济评价的方法各式各样,如果根据是否按照资金的时间 价值来划分,则可以分为静态评价方法和动态评价方法。只要是没有考虑到资金的时间价值,该评价方法属于静态方法,只要是考虑到资金的时间价值的评价方法就属于动态评价方法,常用的是:净现值、将来值、年度等值以及内部收益率等等。一般来说,只有考虑了资金的时间价值,经济评价才是合理的,但是静态评价方法仍有运用的必要。例如当投资方案比较简单,服务年限较短,或在对方案进行粗略分析时,用静态的评价方法可时间算简便而具有一定的适用性。

1)净现值

净现值(net present value)简称现值。其经济含义是指任何投资方案(或项目)在整个寿命期(或计算期)内,将不同时间上发生的净现金流量,通过某个规定的利率 i,统一折算为现值(0年),然后求其代数和。这样就可以用一个单一的数字来反映工程技术方案(或项目)的经济性。

如果假定方案的寿命期为 n,净现金流量为 $CF_t(t=1,2,\cdots,n)$,净现值为 $NPV(i)$,那么,按净现值的经济含义,可得净现值法判据的计算公式可以用下列式子表示:

$$NPV(i) = \sum_{t=0}^{n} CF_t (1+i)^{-t} = \sum_{t=0}^{n} (CI - CO)_t (1+i)^{-t} \qquad (5.21)$$

如果 $NPV(i)<0$,说明投资方案的获利能力没有达到同行业或同部门的规定的利率 i_c 的要求,方案经济性较差,因而方案在财务上不可取。

值得注意的是净现值判据中"规定的利率 i_c 一般指方案所在行业或部门的基准收益率,当为制定基准收益率时,可采用该方案所在行业或部门应达到的某一个设定的收益率进行判断。

2)将来值(终值)

将来值法简称终值(future value)。将来值的经济含义是指任何投资方案(或项目)按部门或行业规定的利率(通常取基准收益率 i_c 或设定的某一个收益率),在整个寿命期(或计算期)内将各年的现金流量折算到投资活动结束(终点)的终值之代数和。

将来值用 $NFV(i)$ 表示,是反映项目在寿命期(或计算期)内获利能力的又一个动态评价指标,它与净现值判据是等价的。

按定义,将来值法判据的计算公式如下:

$$NFV(i) = \sum_{t=0}^{n} CF_t (1+i)^{n-t} = \sum_{t=0}^{n} (CI - CO)_t (1+i)^{n-t} \qquad (5.22)$$

其中在公式(5.22)中,$NFV(i)$ 代表将来值(终值)。

如果 $NFV(i_c) \geqslant 0$,说明项目的获利能力达到或超过了同行业或同部门规定的收益率 i_c 的要求,因而在财务上是可以考虑接受的;如果 $NFV(i_c) \leqslant 0$,就不能接受。

3)年度等值

与净现值判据等价的另一种判据是年度等值(age equal value),年度等值用 $AE(i)$ 来表示,它是指把投资方案(或项目)寿命期(或计算期)内各年的净现金流量按其所在部门或行业某一规定的利率(一般是其基准收益率 i_c 或某一个设定的收益率)折算成与其等值的各年年末的等额支付系列,这个等额的数值成为年度等值。

根据前面等值计算公式,不难发现,任何一个投资方案的净现金流量可以先折算成净现值,然后用等额支付系列资金恢复公式即可求得年度等值 $AE(i_c)$。

也就是公式：

$$AE(i) = NPV(i)(A/P,i,n) = \sum_{t=0}^{n} CF_t (1+i)^{-t} \left[\frac{i(1+i)^n}{(1+t)^n - 1} \right] \quad (5.23)$$

与其类似的，我们也可以将任何一个投资方案的净现金流量折算成将来值，用等额支付系列积累基金公式计算而得，就可以用另一个公式来表达，即：

$$AE(i) = NFV(i)(A/F,i,n) = \left[\sum_{t=0}^{n} CF_t (1+i)^{n-t} \right] \left[\frac{i}{(1+i)^n - 1} \right] \quad (5.24)$$

无论采用公式(5.23)还是采用公式(5.24)，只要当 $AE(i) \geq 0$ 时，说明方案的经济性较好，因而从财务上投资就可以考虑接受；若 $AE(i) \leq 0$，就不能接受。

（3）内部收益率、动态投资回收期

1）内部收益率

内部收益率(internal rate of returns)是一个被广泛采用的投资方案评价依据之一，它是指方案(或项目)在寿命期(或计算期)内使各年净现金流量的现值累计等于零时的利率。用 IRR 表示。但是内部收益率法是以投资项目的内部收益率为依据进行投资方案评价的方法。该方法只适用于常规投资项目或方案的经济效益评价。内部收益率是指投资方案或项目在寿命期中的净现值或净年值等于零时所对应的收益率，它反映的是以其为年利率计算投资项目但是还尚未回收的投资余额的利息，到项目期末以每年所获收益连本带利回收全部投资，而不是投资项目初始投资的收益率。通常，在实际问题中，IRR 取值为 $[0, \infty]$，依照定义，内部收益率可由下列等式(5.25)求得。即：

$$NPV(IRR) = \sum_{t=0}^{n} CF_t (1+IRR)^{-t} = 0 \quad (5.25)$$

式中　　IRR——方案的内部收益率；

　　　　 n——方案的寿命期；

　　　　 CF_t——方案在 t 年的净现金流量。

直接利用(5.25)式计算内部收益率是比较繁琐的，因而一般经过多次试算后采用插入法来求内部收益率，即：先用若干个不同的折现率试算，当用某一个折现率 i_1，求得的各年净现金流量现值累计为正数，而用相邻的一个较高的折现率 i_2 求得的各年净现金流量值累计为负数时，则可知使各年净现金流量值累计等于零的折现率必在 i_1 和 i_2 之间，然后用插入法可求得 i。这个 i 值就是所求的内部收益率，记为 IRR。但是要注意，试算用的两个相邻的高、低折现率之差最好不超过5%。

有关 IRR 法的公式为：$IRR = i_1 + (i_2 - i_1) \dfrac{NPV(i_1)}{NPV(i_1) + |NPV(i_2)|}$ $\quad (5.26)$

满足公式的条件是：$NPV(i_1) > 0, NPV(i_2) < 0$，且 $|i_1 - i_2| \leq 5\%$。

内部收益率法用于常规投资项目或方案的评价时，它的单方案评价准则是：内部收益率(IRR)大于等于基准收益率i_0)时,投资方案可行,否则,投资方案不可行。其评价结果与目前公认的最好的投资项目评价方法——与净现值法评价结果完全一致。但是用于多方案评价即多个可行方案的优选与排序时,目前为止还未很好解决。存在如下四种评价准则:

①内部收益率越大的方案或项目越优。

②当 2 个方案的差额内部收益率 ΔIRR,2 个比较方案现金流量差额(投资大的方案现金流量减去投资小的方案现金流量)的现值等于零时对应的收益率大于标准收益率i_0时,投资大的方案(项目)优;当 ΔIRR 小于i_0时,投资小的方案(项目)优。

③当 ΔIRR 大于i_0时,折现率 $i = 0$ 对应的净现值大的方案优;当 ΔIRR 小于i_0时,$i = 0$ 对应的净现值小的方案优。

④当 $\Delta IRR > \max(IRR_A, IRR_B)$ 或 $\Delta IRR \to \infty$ 时,则 A 和 B 两个项目(方案)中内部收益率大的优。当 $\Delta IRR < \min(IRR_A, IRR_B)$ 时,若 $\Delta IRR > i_0$,则 A 和 B 两个项目(方案)中内部收益率小的优;若 $\Delta IRR < i_0$,则 A 和 B 两个项目(方案)中内部收益率大的优。当 $\Delta IRR = IRR_A = IRR_B$ 时,则以折现率 $i = 0$ 时,净现值大的项目(方案)为较优方案。

对于准则①和②,明显不符合一般规律。因为现实中,内部收益率大的项目(方案)不一定净现值就大;投资大的项目(方案)也不一定净现值就大。所以,应用准则① 或②对多项目(方案)评价,其评价结果必然与净现值法发生冲突。对于准则③,虽然考虑了①、②的不足,但未考虑 2 个方案间不存在 ΔIRR 和 $\Delta IRR = 0$ 时,如何选择最优项目(方案)。准则④,虽然弥补准则③的不足,并且因为评价所得结果与净现值法评价结果完全一致,但是未考虑 2 个比较的常规投资项目(方案)的差额现金流量不为常规投资项目的现金流量的优选评价,以及两个的比较的其寿命期不同的常规投资项目的优选评价。

行业的基准收益率(i_c)(或某一个设定的收益率(i_c'))进行比较,如果 $IRR \geq i_c$(或 $IRR \geq i_c'$)则说明方案的经济性较好,在财务上是可以考虑接受的;若 $IRR < i_c$($IRR < i_c'$)则方案的经济性较差,在财务上不不考虑接受的。

还应注意的问题:

①我们把计算期内各年的净现金流量开始年份为负值(投资支出),以后各年均为正值(收益)的项目称为常规投资项目,反之,在计算期内各年的净现金流量多次出现正负变化的项目称为非常规投资项目。对于常规投资项目,可以按式(5.25)或式(5.26)求解,其解一般都只有一个。但对于非常规投资项目,常出现内部收益率不止一个的情况,其内部收益收益率的数目,可以根据 N 次多项式狄卡尔符号规则来判断。

②由于 IRR 是指项目在计算期内使各年净现金流量的现值累计等于零时的利

率。所以方案的内部收益率 *IRR* 不存在的以下几种情况,

　　a. 净现金流量都是正的,如图 5.9(a)所示;

　　b. 净现金流量都是负的,如图 5.9(b)所示;

　　c. 净现金流量收入的和小于支出的和,如图 5.9(c)所示。

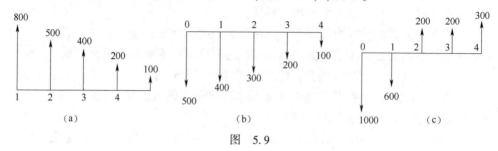

图 　5.9

　　③如果要弄清楚现金流量具有一个内部收益率时,其净现值函数 *NPV*(*i*) 曲线如图 5.10 所示,曲线有如下特点:

　　a. 同一现金流量条件下,净现值随利率 *i* 增大而减小。

　　b. 在某一个 i^* 值上,曲线与横轴相交,该点的 $NPV(i)=0$。当 $i<i^*$ 时,$NPV(i)>0$ 为正值;当 $i>i^*$ 时,$NPV(i)<0$ 为负值。i^* 即项目的内部收益率 *IRR*。

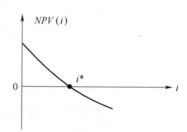

图 5.10　净现值与 *i* 的关系

　　c. 当 *i*>50%时,曲线趋近于一条直线。

　　2)动态投资回收期

　　以上所考虑的投资回收期,前面说过如果不考虑资金的时间价值,就指的是静态投资回收期 P_t,而动态投资回收期是一种评价建设项目技术经济效果的一种方法。传统的计算方法有两种:一种是累积法;另一种是直接计算法。直接计算法适用于项目在期初一次性投资,各年净收益均相等的情况。它要运用对数函数进行计算,实际计算中并不方便。动态投资回收期是指在某一设定的基准收益率 i_c 的前提条件下,从投资活动起点算起,项目(或方案)各年净现金流量的累计净现金补偿全部投资所需的时间,用 P_t' 表示,其值由此公式决定:

$$\sum_{t=0}^{P_t'} CF_t(1+i_c)^{-t} = 0 \qquad (5.27)$$

　　动态投资回收期 P_t' 也是目前比较常用的一种动态评价依据。在实际问题中,动态投资回收期 P_t' 常用下面公式进行计算:

动态投资回收期(P_t')=

$$\left[\begin{array}{c} \text{累计净现值开始出现} \\ \text{正值的年份数}(m') \end{array} \right] - 1 + \frac{\text{上年}(m'-1)\text{累计净现值的绝对值}}{\text{当年}(m')\text{净现值}} \qquad (5.28)$$

可将式(5.28)中的小数部分化成月数,以年和月表示。而若投资方案只有零年有一个投资为 P,以后各年的净现金流量均为 A,则这种情况下的动态投资回收期 P'_t 也可由下面这个公式(5.29)来计算:

$$P'_t = \frac{- \lg\left(1 - \dfrac{P_i}{A}\right)}{\lg(1 + i)} \qquad (5.29)$$

在项目评价方案中,动态投资回收期 P'_t 与基准投资回收期 PC 相比较,若 $P'_t \leqslant P_c$,则表示项目的经济性较好,在财务上是可以考虑接受的。

进一步分析动态回收期所存在的问题。动态投资回收期就是在考虑资金时间价值的前提下,投资项目要回收投资所需要的时间,也就是说要按照刚开始已经确定的基准收益率 i_c,来看需要多长时间可以回收投资,它是以动态而不是静态的观点来衡量投资项目的资金回收能力。

5.2.5　几种评价判据的比较

(1)投资方案评价判据按照是否考虑资金的时间价值分为静态评价和动态评价。即:

$$\text{方案经济评价} \begin{cases} \text{静态评价} \begin{cases} \text{投资回收期} \\ \text{投资收益率} \end{cases} \\ \text{动态评价} \begin{cases} \text{净现值、将来值、年度等值} \\ \text{内部收益率} \\ \text{动态投资回收期} \end{cases} \end{cases}$$

其中,年度等值和将来值可看作是由净现值派生出来的判据,其性质上与净现值相同。因此,性质不同的评价判据有三个:投资回收期(包括静态和动态)、净现值和内部收益率。

(2)净现值、年度等值和将来值是方案是否可以接受的主要判据之一,它们可以直接反映方案较通常投资机会收益值增加的数额。三个指标中任何一个所得的结论都相同的,只是表述的意义不一致。注意,进行它们的计算时须事先给出基准收益率(i_c)或设定收益率(i'_c)。

(3)对于常规投资而言,净现值和内部收益率有完全一致的评价结论,即是说,内部收益率(IRR)大于基准贴现率(i_c)时必有净现值 $NPV(i_c)$ 大于零;反之亦然。内部收益率判据既有缺点,也有优点,它的优点是:可在不给定基准贴现值的情况下求出来,它的值可不受外部参数(贴现率)的影响而完全取决于工程项目(或方案)本身的现金流量。它的缺点是:不能在所有情况下给出唯一的确定值。除此之外,在进行多方案比较和选择时,不能按内部收益率的高低直接进行方案的取舍。

(4)投资回收期和投资收益率两判据的优点是:简单易懂,通常基准回收期比投资方案的寿命期要短。其缺点是:太粗糙,没有全面考虑投资方案整个寿命期的现金流量的大小和发生的时间。所以投资回收期不能作为一个指标单独使用,只能作为辅助性的参考指标加以应用。在实际问题中投资回收期之所以仍被应用,总而言之,各种方案应根据其所适应的具体场合,合理使用。

5.3　供水项目的单位造价分析

(1)用水项目全费用评价理念

对用水消费者来说,任何形式的供水都是一种投资,是一个不断消耗、不断追加投资的过程。

因此,研究在进行用水项目费用比较分析时,对市政再生供水、市政居民生活供水和市政商业供水的消费采用按供水价格及其他费用进行分析,而对众多的分散式中水项目,则按项目的投资费用及其他进行分析。

(2)供水单位造价分析

分散式再生水项目的竞争对象主要是市政居民用水和市政再生用水。因此,研究采用全费用消费理念,即把所有的费用进行累加,然后总体计算出实际造价。商业和市政居民供水、市政再生供水,其消耗费用按其水价和其发生的费用一起计算实际造价。其计算公式为:

$$f_n = \frac{+\sum_{j=1}^{n}\left[F_j\left(1+i_{n-j}\right)^{n-j}+F_j'\left(1+i_{n-j-1}\right)^{n-j-1}\right]-\sum_{j=1}^{m}C_{j0}\left(1-L_jr_j\right)}{365\times325n} \tag{5.30}$$

式中　f_n——项目第 n 年的供水单位造价;

　　　F_j——第 j 年的年初费用支出;

　　　F_j'——第 j 年的年终费用支出;

　　　i_{n-j}——$(n-j)$ 年所对应的工商银行利率;

　　　m——供水项目所涉及的固定资产的种类;

　　　C_{j0}——表示第 j 种固定资产的最初投资成本;

　　　L_j——表示第 n 年第 j 类固定资产的使用年限;

　　　r_j——表示第 j 种固定资产的折旧率;

　　　n——表示运行的时间,年。

根据表 5.2,计算统计见表 5.3。

表 5.3　各供水方案单位供水造价及排名一览表

供水方案	2010 年		2011 年		2012 年		2013 年		2014 年		2015 年		2016 年		2017 年		2018 年		2019 年	
	造价 元/m³	排名	造价 元/m³	排名	造价 元/m³	排名	造价 元/m³	排名	造价 元/m³	排名	造价 元/m³	排名	造价 元/m³	排名	造价 元/m³	排名	造价 元/m³	排名	造价 元/m³	排名
市政商用	18.594 91	1	19.212 07	1	19.856 58	1	20.537 65	1	21.286 36	1	22.069 75	1	22.881 33	1	23.729 12	1	24.615 72	1	25.543 61	1
市政民用	3.534 911	2	3.651 32	2	3.772 89	2	3.907 71	2	4.049 025	2	4.201 318	2	4.354 878	2	4.515 315	2	4.683 115	2	4.858 745	2
市政再生	1.764 911	13	1.822 468	13	1.882 576	13	1.953 195	13	2.023 124	13	2.101 244	13	2.177 467	13	2.257 118	13	2.340 438	13	2.427 655	13
流化床 1	2.559 243	11	2.632 409	11	2.708 819	11	2.844 894	11	2.934 461	11	3.066 76	11	3.167 137	11	3.272 204	11	3.382 248	11	3.497 557	11
流化床 2	2.598 063	7	2.672 519	7	2.750 277	7	2.887 761	7	2.978 893	7	3.112 819	7	3.214 892	7	3.321 731	7	3.433 628	7	3.550 876	7
MBR	2.578 528	9	2.652 333	9	2.729 409	9	2.866 156	9	2.956 497	9	3.089 583	9	3.190 798	9	3.296 74	9	3.407 698	9	3.523 964	9
果壳滤料	2.560 891	10	2.633 636	10	2.709 605	10	2.846 48	10	2.935 554	10	3.068 219	10	3.168 137	10	3.272 729	10	3.382 281	10	3.497 077	10
页岩陶粒	2.540 648	12	2.612 72	12	2.687 987	12	2.824 127	12	2.912 385	12	3.044 201	12	3.143 235	12	3.246 903	12	3.355 488	12	3.469 274	12
改性纤维球	2.595 042	8	2.668 922	8	2.746 078	8	2.884 191	8	2.974 643	8	3.108 739	8	3.210 149	8	3.316 3	8	3.427 481	8	3.543 983	8
MBR1	3.277 648	3	3.374 698	3	3.476 051	3	3.638 156	3	3.756 694	3	3.919 077	3	4.050 838	3	4.188 689	3	4.333 016	3	4.484 203	3
MBR2	3.236 931	4	3.332 628	4	3.432 567	4	3.593 195	4	3.710 091	4	3.870 767	4	4.000 75	4	4.136 742	4	4.279 126	4	4.428 279	4
MBR3	2.600 656	6	2.675 197	6	2.753 042	6	2.890 591	6	2.981 825	6	3.115 838	6	3.218 02	6	3.324 972	6	3.436 987	6		6
MBR4	3.008 654	5	3.096 76	5	3.188 773	5	3.341 121	5	3.448 81	5	3.599 92	5	3.719 928	5	3.845 502	5	3.976 99	5		5

根据表 5.3 中的数据,绘制分析图,如图 5.11 和图 5.14 所示。

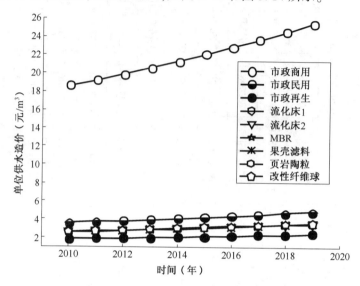

图 5.11 单位造价随年份变化图

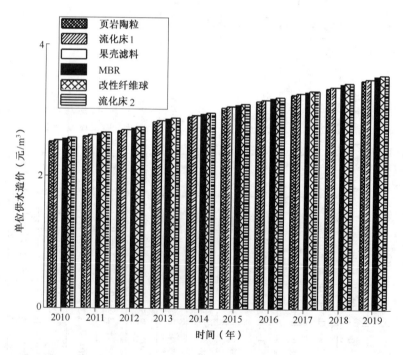

图 5.12 单位造价随年份变化直方图

从图 5.11 可以看出,市政再生水造价最低,具有最好的经济效益;其次是分散式再生水,其众多方案项目的造价基本在图 5.11 中看不出差别,均是高于市政再生水价格而低于市政居民生活供水价格和市政商业供水价格,说明分散式再生水有一定的盈利空间,但由于规模效应,其价格并不具备顶端优势,无法和市政再生水进行竞争。

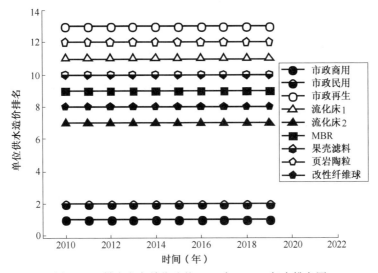

图 5.13　供水方案单位造价 2010 年~2019 年内排名图

从图 5.12 和图 5.13 可以看出供水单位造价:市政商业>市政民用>流化床 2>改性纤维球>MBR>果壳滤料>流化床 1>页岩陶粒>市政再生。

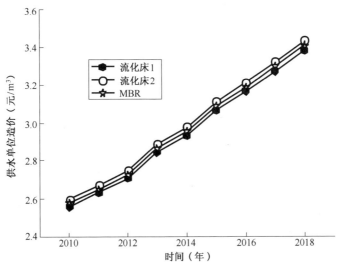

图 5.14　三方案供水单位造价比较图

从图 5.14 可以看出,流化床 1、流化床 2、MBR 三个供水方案水单位造价的变化趋势基本一致,其曲线的曲率和商业银行的贷款利率有关,因为商业银行根据年限确定阶梯利率,因而,这种状况也反映在单位造价的供水方案的变化曲线上。

在图 5.11 中,其供水单位造价的价格不断升高,也是由于银行的贷款利率导致的结果。

5.4　供水项目的动态投资回收期分析

投资回收期是指从项目的投建之日起,用项目所得的净收益偿还原始投资所需要的年限。投资回收期分为静态投资回收期与动态投资回收期两种。研究采用动态投资回收期进行分析。如果投资项目每年的现金净流量不相等,设投资回收期大于等于 n,且小于 $n+1$,则:

投资回收期=n+至第 n 期尚未回收的额度/第($n+1$)期的现金净流量

研究所有的计算贷款利率,根据 2010 年 10 月工商银行提供的贷款利率:1~3 年利率为 6.65%,3~5 年利率为 6.9%;5~10,以及 10 年以上利率为 7.05%。计算中,单位供水按照市政居民用水方案 2.94 元/m³ 计算。

再生水项目产品取代市政商业用水和市政生活用水,在研究投资回收期时,其价格按照市政生活价格进行计算。

项目每年净终值计算公式为:

$$NE_n = -\sum_{j=1}^{n}\left[F_j\left(1+i_{n-j}\right)^{n-j} + F'_j\left(1+i_{n-j-1}\right)^{n-j-1}\right] + \sum_{j=1}^{m}C_{j0}(1-L_jr_j)$$
$$+ \sum_{j=1}^{n}365\times325p\left(1+i_{n-j-1}\right)^{n-j-1} \tag{5.31}$$

式中　NE_n——第 n 年的资金终值(净终值);

　　　　i_{n-j}——($n-j$)年所对应的工商银行利率($NE_n \leqslant 0$);

　　　　C_j——表示第 j 种固定资产的残值收入;

　　　　p——表示水的销售价格,按 2.94 元/m³ 计算。

其他符号见式(5.30)解释。

项目的设备、构筑物、管道系统、罐体、照明通风系统、自动化系统、膜组件、滤料按照年初资金核算;项目的药剂消耗费用、滤料的补充消耗、水产品的销售资金等按照年终计算。根据表 5.2,计算各年的资金终值见表 5.4(研究均按设计负荷进行水量的计算)。

根据表 5.4,把市政供水民用、流化床 1、流化床 2、MBR、果壳滤料过滤、页岩陶粒过滤、改性纤维球过滤方案,按照供水价格为市政民用的价格进行年结算,并通过

表 5.4　各供水方案资金终值一览表

（单位:万元）

供水方案	时间（年）															
	2010	2011	2012	2013	2014	2015	2016	2017	2018	2019	2020	2021	2022	2023	2024	2025
市政民用	-37.18	-44.28	-51.85	-60.05	-68.82	-78.30	-88.44	-99.30	-110.93	-123.38	-136.70	-150.96	-166.23	-182.57	-200.07	-218.80
流化床1	-210.52	-201.17	-191.19	-181.02	-170.16	-158.80	-146.64	-133.62	-119.69	-104.77	-94.80	-78.13	-60.28	-41.17	-20.72	1.17
流化床2	-210.98	-202.12	-192.66	-183.06	-172.80	-162.09	-150.62	-138.34	-125.20	-111.13	-102.07	-86.37	-69.56	-51.57	-32.31	-11.70
MBR	-210.65	-201.54	-191.82	-181.93	-171.37	-160.33	-148.51	-135.86	-122.31	-107.81	-100.29	-84.24	-67.06	-48.67	-28.98	-7.90
果壳滤料	-215.28	-205.76	-195.61	-185.28	-174.23	-162.68	-150.32	-137.08	-122.92	-107.75	-94.51	-77.34	-58.96	-39.29	-18.23	4.32
页岩陶粒	-215.04	-205.27	-194.84	-184.22	-172.85	-160.97	-148.24	-134.62	-120.04	-104.43	-90.72	-73.05	-54.12	-33.87	-12.18	11.03
改性纤维球	-215.68	-206.60	-196.91	-187.07	-176.55	-165.57	-153.82	-141.23	-127.76	-113.34	-100.91	-84.59	-67.13	-48.44	-28.42	-7.00
MBR1	-218.94	-218.68	-218.39	-218.63	-218.89	-219.49	-220.14	-220.83	-221.57	-222.36	-231.21	-232.69	-234.26	-235.95	-237.76	-239.69
MBR2	-218.46	-217.68	-216.84	-216.49	-216.12	-216.05	-215.97	-215.88	-215.79	-215.69	-223.59	-224.04	-224.53	-225.04	-225.60	-226.19
MBR3	-210.91	-202.08	-192.66	-183.09	-172.87	-162.20	-150.77	-138.55	-125.45	-111.44	-104.44	-88.94	-72.35	-54.60	-35.59	-15.24
MBR4	-215.75	-212.08	-208.17	-204.51	-200.60	-196.73	-192.58	-188.14	-183.38	-178.29	-180.84	-175.57	-169.93	-163.89	-157.43	-150.51

表格中的数据绘制图形如图5.15所示。

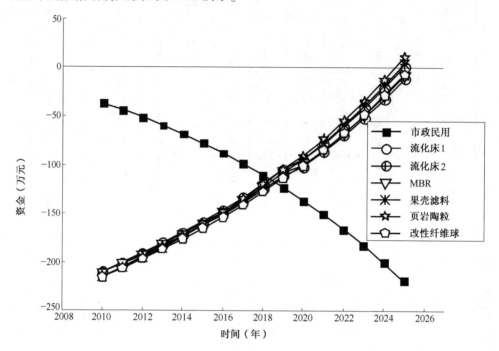

图 5.15　供水方案资金随时间变化图

　　从图5.15可以看出,市政民用供水方案的年结算资金是逐年下降,从开始的2010年-37.18万元,到2025年的-218.80万元,在每年的花费中,主要包括年贷款利息、系统维护、管理人员的工资、供水成本,只有消耗,没有收入,其资金结算是一条向下的曲线。而其他方案,除了花费之外,还有以市政供水居民用水的单价为销售价格,以年生产量为基数进行的销售收入,因此其资金结算是一条向上的曲线。

　　对投资者来说,如果投资分散再生水项目,从2010年投产运行到2025年左右,净收益才能达到正值。因此,分散再生水项目需要16年左右的动态回收期。这是把再生水的水价按照市政居民生活用水的价格进行销售的。通常情况下,虽然再生水可以部分取代市政生活饮用水的功能,但由于其水质比市政生活供水的水质差,因此其价格应该低于市政生活给水。这将导致分散再生水项目的动态投资回收期比16年还要更长,这对投资者来说很难去接受的。而且,如果市政再生水的供水价格低于分散再生水的价格,则显然不适合分散再生水项目。即使在没有市政再生水的城市,过长的动态投资回收期,也让投资分散再生水项目的人没有投资信心。

　　从图5.15可以看出,每个分散再生水供水方案和市政民用生活供水方案都有一个交点,这也是方案对比的分界点,对应于分界点表明在该时刻两方案的费用一样。

从图 5.15 并结合表 5.4,可以看出,分散再生水供水方案和市政民用生活供水方案的交点位于 2018 年~2019 年之间,即从生产运营开始大约 10 年左右。在交点之前,虽然每年的结算资金仍然为负值,但市政居民生活方案优于分散再生水项目供水方案;在分界时间点之后,分散再生水项目供水方案优于市政居民供水方案。从图 5.15 也可以看出,在 2019 年部分设备更新后,分散再生水项目供水方案的资金结算余额仍然高于市政民用供水方案,而其逐年增加的趋势总体没有大的变化。这主要是因为,所进行的设备更新,只是众多设备的一小部分,和场地费等大的花费相比,所占部分比例较小。

因此,对消费者来说,当有市政居民生活供水方案和分散再生水供水方案选择时,若二者的使用功能相同,且能够达到用户的要求,如果用水时间超过分界点的时间,显然投资分散再生供水项目较好;否则,则采用市政居民生活供水方案。

显然,对于居住小区的每户居民来说,都投资于分散再生水项目,实现"自我生产,自我消费"是不可能的。如果把小区的分散再生水项目实现民间资本的介入,由于其有较长的动态投资回收期,也是它很难推向市场的一个重要原因。

因此,具有一定规模的消费者,且消费的供水时间较长时,才能更好地实现"自我生产,自我消费"。这在理论上就能解释一定规模的工业用水可以采用这种方式供水,实现零排放或者减少污染排放。

造成投资者和消费者不同的投资区别是由于银行的贷款利率造成的。

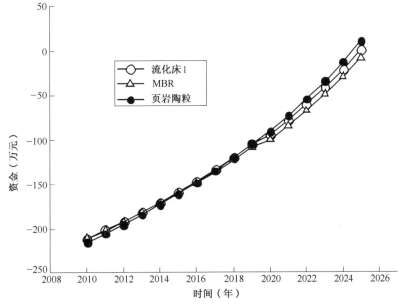

图 5.16　三种供水方案的资金结算比较图

图 5.16 可以看出,在最初,页岩陶粒由于设备投资比较高,其资金结算余额低于流化床 1 和 MBR 再生水项目供水方案,但随着时间的发展,特别是在 2019 年后,一些设备需要更新,其资金结算余额逐渐超过后二者方案。因而,其设备更新也是一个比较有影响的因素。同时,页岩陶粒过滤,其早期投资比较高,而设备的更新费用比较少,因而,从长期收益来说是比较好的。

第6章 再生水供应的多因素分析——费用水平分析

6.1 费用水平模型及分析方法

6.1.1 费用水平分析模型建立

(1)权重模型的建立

人类社会的运动发展是各种因素耦合的结果。在耦合的过程中,各种因素(本质属性)的作用并不是一视同仁,而是有轻重之分。针对这种规律,为了研究事物运动的本质规律,则对影响事物运动的各因素,提出权重进行耦合。权重和因素本身相关,同时由于事物是在不断的发展变化,因此,因素对事物的耦合作用也在随着时间的发展而不断变化,作为耦合的权重,其本身也和时间相关。

而作为衡量因素的指标,不同的因素则用不同"维数"来表述。因此,建立权重是"时间—维数"的耦合函数,即:

$$\alpha = f(x, y, z, t) \tag{6.1}$$

(2)费用水平分析模型的建立

对于 m 个需要分析的事物,具有 n 个本质属性(若某个事物没有某个属性,可以采用 0 维向量进行分析),则对每个事物来说,其 n 个本质属性指标不是简单地相乘或者相加地作用于事物而获得它的综合评价,而是一种 n 维多元向量耦合作用于事物。其综合评价模型为:

$$Y_t = f_{nt}(X_{1t}, X_{2t}, \cdots, X_{it}, \cdots, Xn_t) \quad (n \geq 1) \tag{6.2}$$

式中 Y_t——n 维向量的 t 时刻综合评价指标;

f_{nt}——n 维向量的 t 时刻耦合函数;

X_{it}——第 i 个本质属性 t 时刻检测指标。

而对于费用水平分析,则是一维多元综合指标的获取,可以采用 n 个指标的加权求和模型,其 n 维向量的 t 时刻耦合函数表示为其权重系数的不同。因此,建立费用水平模型为:

$$F_t = \alpha_{1t}F_{1t} + \alpha_{2t}F_{2t} + \cdots \alpha_{it}F_{it} \cdots + \alpha_{nt}F_{nt} \quad (n \geq 1) \tag{6.3}$$

式中　F_t——n 个指标的 t 时刻综合费用水平,若检测指标被标准化处理,则费用水平为相对值;

α_{it}——第 i 个指标 t 时刻权重,为"时间—空间"函数;

F_{it}——第 i 个本质属性 t 时刻检测指标。

6.1.2　因子分析法模型

因子分析法(Factor Analysis)是通过研究原始数据内部的依赖关系,寻找相互独立的一组公共因子,并能代表原始数据的绝大部分信息和解释其相互依赖关系,从而可以直接对样本进行分类和综合评价的一种方法。因子分析法是多元统计分析法的一种。

针对某一总体,其观测指标向量为 $X = (x_1, x_2, \cdots, x_p)'$,均值向量为 $\mu = (\mu_1, \mu_2, \cdots, \mu_p)'$。假设 p 个原始变量的观测指标的公共因子有 $q(q \leq p)$ 个,记作 $f = (f_1, f_2, \cdots, f_q)'$,$q$ 称为复杂度(complexity),q 值越小,X 分析的维数就越不复杂。则 X 的线性因子分析的模型为:

$$X = \mu + Af + s \tag{6.4}$$

式中,A 是因子荷载矩阵(loading matrix),其元素 a_{ij} 是观测值 x_i 在公共因子 f_i 上的荷载。A 为 $p \times q$ 的常数矩阵。

在因子分析中,因假定 $E(X) = \mu$,因此亦假定 $E(f) = 0$,$E(s) = 0$,并假设 $Vas(s) = \psi = (diag(\psi_1^2, \psi_2^2, \cdots, \psi_p^2)$,$Cov(f, s) = 0$,表明各个特殊因子之间及其与公共因子之间相互独立。

在因子分析模型中,观测变量的量纲不会影响因子分析模型的形式。如果观测向量 X 各分量的量纲不相同,则把它们的方差相加没有意义。因此,进行因子分析需要对向量 X 的各个分量进行标准化处理,则有方差 $\Sigma = R = (\rho_{ij})$,R 为 X 的相关矩阵,这样,因子分析的模型为:

$$X = Af + s \tag{6.5}$$

因子分析是为了求出荷载矩阵 A 和特性方差阵 ψ,并且能够给出因子所赋予的实际背景的解释。

当采用主成分参数求解时,对于随机观测向量 $X = (x_1, x_2, \cdots, x_p)'$,如果相关阵 R 的特征根 $\lambda_1 \geq \lambda_2 \geq \cdots \geq \lambda_p \geq 0$,则有:

$$X = Af + s = \widetilde{A}f \tag{6.6}$$

这是一个不含任何特殊因子的模型,其公共因子数目 q 可以达到 p 个。假定观测变量全部由公共因子所决定,而无关特殊因子,可能不合适,因此,假定公共因子数目 $q < p$,而取 $\widetilde{A}$ 的前 q 列作为荷载矩阵,把后 $p-q$ 列留做特殊因子,一般取共性方差和

总方差之比大于等于 85%,而这种解法就称为因子模型的主成分解。

6.1.3　SPSS 在因子分析法中对费用水平分析的计算模型

(1)因子分析的数据处理

①因子分析法数据的同向化处理

在评价模型的指标体系当中,指标大体分为三类:一是正向指标,该类指标的数值越大,反映的绩效水平越高;二是逆向指标,该类指标数值越小,表明绩效水平越高;三是适宜性指标,这类指标有一定的区间限制,超出区间范围,太大或者太小都代表绩效不佳。为了使这三类指标之间具有可比性,应对其进行正向化处理。

逆向指标的处理公式为:

$$X'_{ij} = \frac{1}{X_{ij}}(i \in (0,N], j \in (0,K]) \tag{6.7}$$

适宜性指标的计算公式为:

$$X'_{ij} = \frac{1}{X_{ij} - \overline{X_j}}(i \in (0,N], j \in (0,K]) \tag{6.8}$$

②因子分析法数据的标准化处理

因子分析通常是采用主成份法求因子变量。由于各指标的单位不同,量纲不一,数量上差异很大,为了使主成分分析能够均等地对待每一个指标变量,消除量纲和数量级,通常需要将原始数据进行标准化,将其转化为均值为 0、方差为 1 的无量纲数据。

设 N 个评价方案的指标值序列为 $X_{ij}(i,j=1,2,\cdots,N)$,则正态标准化处理为:

$$X'_{ij} = \frac{X_{ij} - \overline{X}}{S}, i = 1,2,\cdots,N; j = 1,2,\cdots,N \tag{6.9}$$

其中:

均值:
$$\overline{X} = \frac{1}{N}\sum_{j=1}^{N} X_{ij} \tag{6.10}$$

标准差:
$$S = \sqrt{\frac{1}{N-1}\sum_{j=1}^{N}(X_{ij} - \overline{X})^2} \tag{6.11}$$

经过这样的标准化变换不会改变变量之间的相关系数。通过这一变换得到的是样本数据的原始矩阵 X(经过同向化和标准化处理后的 X'_{ij} 在这里仍用 X_{ij} 表示)。

数据的标准化处理可以利用 SPSS 软件处理。

(2)采用 SPSS 计算,利用因子分析法的费用分析模型

费用水平分析采用多指标进行研究,因此可以利用因子分析法进行分析。而其

基本思想是根据相关性大小对变量进行分组,使得同组内的变量之间相关性较高,不同组的变量相关性较低。每组变量代表一个基本结构,因子分析中将之称为公共因子。

针对费用水平分析,假设分析系统(即评价总体)有 K 个分析指标,n 个观测单位,因子分析的数学模型就是把 n 个观测单位分别表示为 $p(p<k)$ 个公共因子和一个独特因子的线性加权和,即:

$$F_i = \alpha_{i1}E_1 + \alpha_{i2}E_2 + \cdots + \alpha_{ij}E_j + \cdots + \alpha_{ip}E_p + \varepsilon_i \qquad (6.12)$$

式中 $E_1, E_2, \cdots, E_p$——公共因子,它是各个指标中共同出现的因子,因子之间通常是彼此独立的;

ε_i——各对应变量 X_i 所特有的因子,称为特殊因子,通常假定 $\varepsilon_i \sim N(0, \sigma^2)$;

α_{ij}——第 i 个变量在第 j 个公共因子上的系数,称为因子负荷量,它揭示了第 i 个变量在第 j 个公共因子上的相对重要性。

在利用 SPSS 进行计算,当采用主成份分析法时,其费用水平分析的数学模型为:

$$
\begin{aligned}
F_i &= \alpha_{i1}E_1 + \alpha_{i2}E_2 + \cdots + \alpha_{ii}E_i + \cdots + \alpha_{ip}E_p \\
&= \alpha_{i1}x_{i1}\mathrm{Zscore}(X_{i1}) + \alpha_{i2}x_{i2}\mathrm{Zscore}(X_{i2}) + \cdots + \alpha_{ij}x_{ij}\mathrm{Zscore}(X_{ij}) + \cdots \\
&\quad + \alpha_{ip}x_{ip}\mathrm{Zscore}(X_{ip})
\end{aligned}
\qquad (6.13)
$$

式中 x_{ij}——观测指标 X_{ij} 的成分系数;

$\mathrm{Zscore}(X_{ij})$——观测指标 X_{ij} 的标准化数据。

其他同式(6.12)。在采用标准化数据计算时,其费用水平表示为相对费用水平。

6.2　再生水项目费用水平分析

6.2.1　分析指标选择

在应用因子分析法,进行经济评价中,一般选择 8~15 个指标就可以进行详尽的评价。而再生水项目把处理量作为一个固定值来进行评价,因此,再生水项目选择 7 个指标进行评价。

在再生水项目,对各种方案的评价中,其中,能耗已经作为方案之间比较的关键因素。因为世界的能源危机,也为我们在选择方案时,开始重点考虑能源的消耗,因此,选择能耗成本作为方案比较的一个指标。

设备表示一种生产的发展水平,同时,设备也是一种风险水平,随着社会的跳跃式的发展,设备的折旧率更加突出,因而,把设备作为一个变量的考核指标。

人,一直作为主导社会生产的主体,是各种方案中的一种特殊的资源,不仅需要支付劳动者的工资待遇,还要实施以人为本的思想。同时,人作为一个劳动者,有可能具有比较大的风险,因为人是一个有意识和思想的人,所以把人作为一个评价水平指标。

人们在进行方案的选择时,还要考虑到机会成本,因此,在进行方案比较和选择的时候,要进行方案的机会成本的考虑。

以上四种是中水资源中比较重要的几种考虑的内部结构因素,但同时还需要考虑发展的因素。

边际成本,是以发展为模式进行选择,显然,人们在比较方案的时候,也通过发展的观点,来考虑方案的优劣。

运营成本,运营成本是管理者从每年的运行中来看发展的成本。

另外,因为再生水项目的评定采用的是动态的年评价,因此,在每年的评价中,也需要考虑剩余资产。

水量往往作为一个规模效应,在供水方案中需要重点考虑,但居住小区的再生水项目,往往针对特定的小区,因此,在进行再生水项目评定的时候,是针对一定流量下的各供水方案的比较。

其指标及其公式计算见表 6.1。

表 6.1 再生水项目评价指标及公式表达

序号	评价指标	公 式
1	能耗成本	能耗成本 = 生产中电量消耗的成本
2	设备成本	设备成本 = 设备购置所产生的费用
3	人力成本	人力成本 = 人力在生产中所产生的费用
4	机会成本	机会成本 = 期初总成本
5	供水边际成本	供水边际成本 = 每增产一个单位供水所需成本增加量 (在使用期限内按生产成本计算)
6	供水运营成本	供水运营成本 = $\dfrac{年费用}{年供水量}$
7	供水剩余资产	供水剩余资产 = 设备剩余资产 + 基建剩余资产

6.2.2 因子分析法在费用水平分析中的应用

(1)因子样本的选择和评价指标的数值统计

因子分析需要一定的样本容量,才能更好地对方案进行评价,因此,研究中,采用其他的膜处理方案作为评价的参考方案。

因此,在进行方案的供水分析的时候,MBR1,MBR2,MBR3,MBR4是作为参考方案,目的是扩充样本容量。

在进行各供水方案进行比较时,把水资源作为是一种对水体的消费,因而,在评价的过程中采用全费用分析,即在整个评价项目中,没有资金的注入,只有从银行贷款。

根据表6.1中的计算公式及表5.2中的数据,并考虑年初资金的时间价值获得分析指标数据列表,见表6.2。

表6.2　2010年各方案供水数据一览表　　　　　（单位:万元）

方案编号	变量	X_1	X_2	X_3	X_4	X_5	X_6	X_7
	供水方案	边际成本	运营成本	能耗成本	人工成本	设备成本	机会成本	剩余资产
1	市政工业用水	18	18.389 91	0	4.32	0	32.555 94	−30.107 3
2	市政居民用水	2.94	3.329 906	0	4.32	0	32.555 94	−30.107 3
3	市政再生水	1.17	1.559 906	0	4.32	0	32.555 94	−30.107 3
4	一体化造粒流化床工艺1	0.256 905	0.971 137	1.948 33	7.2	31.507 5	233.877 9	−214.862
5	一体化造粒流化床工艺2	0.295 826	1.009 956	1.948 33	7.2	31.507 5	233.877 9	−214.862
6	中空纤维超滤膜(国产)	0.278 625	0.990 903	1.875 79	7.2	29.268 6	236.011 7	−215.811
7	果壳滤料	0.205 463	0.930 951	1.802 1	7.2	37.914 29	239.111 5	−219.592
8	页岩陶粒	0.187 06	0.910 708	1.802 1	7.2	37.914 29	239.111 5	−219.592
9	改性纤维球	0.241 197	0.965 102	1.802 1	7.2	37.914 29	239.111 5	−219.592
10	无机膜MBR1	0.977 745	1.690 022	10.421 1	7.2	29.268 6	235.474 1	−215.559
11	无机膜MBR2	0.937 028	1.649 306	10.4211	7.2	29.268 6	234.443 9	−215.076
12	一体式MBR3	0.300 754	1.013 031	5.338 1	7.2	29.268 6	236.571 6	−216.074
13	分离式MBR4	0.708 751	1.421 029	7.503 16	7.2	29.268 6	234.891 8	−215.286

注:由于剩余资产在供水方案费用水平评价中为逆向指标,所以在所有样本中该指标均进行逆向化处理,取其为负值。

（2）各方案数据的标准化处理

采用中文SPSS17.0软件,对表6.2进行数据标准化处理,获得数据见表6.3。

表6.3　2010年各方案供水数据标准化一览表

方案编号	变量	ZVAR(X_1)	ZVAR(X_2)	ZVAR(X_3)	ZVAR(X_4)	ZVAR(X_5)	ZVAR(X_6)	ZVAR(X_7)
	供水方案	边际成本	运营成本	能耗成本	人工成本	设备成本	机会成本	剩余资产
1	市政工业用水	3.288 026	3.296 377	−0.922 23	−1.754 12	−1.704 68	−1.753 73	1.753 691
2	市政居民用水	0.185 724	0.136 494	−0.922 23	−1.754 12	−1.704 68	−1.753 73	1.753 691
3	市政再生水	−0.178 89	−0.234 89	−0.922 23	−1.754 12	−1.704 68	−1.753 73	1.753 691

续上表

方案编号	变量	ZVAR(X_1)	ZVAR(X_2)	ZVAR(X_3)	ZVAR(X_4)	ZVAR(X_5)	ZVAR(X_6)	ZVAR(X_7)
	供水方案	边际成本	运营成本	能耗成本	人工成本	设备成本	机会成本	剩余资产
4	一体化造粒流化床工艺 1	-0.366 98	-0.358 42	-0.401 56	0.526 235	0.456 356	0.499 589	-0.504 49
5	一体化造粒流化床工艺 2	-0.358 97	-0.350 28	-0.401 56	0.526 235	0.456 356	0.499 589	-0.504 49
6	中空纤维超滤膜	-0.362 51	-0.354 27	-0.420 94	0.526 235	0.302 794	0.523 471	-0.516 09
7	果壳滤料	-0.377 58	-0.366 85	-0.440 63	0.526 235	0.895 783	0.558 167	-0.562 3
8	页岩陶粒	-0.381 37	-0.371 1	-0.440 63	0.526 235	0.895 783	0.558 167	-0.562 3
9	改性纤维球	-0.370 22	-0.359 69	-0.440 63	0.526 235	0.895 783	0.558 167	-0.562 3
10	无机膜 MBR1	-0.218 49	-0.207 59	1.862 699	0.526 235	0.302 794	0.517 455	-0.513 01
11	无机膜 MBR2	-0.226 88	-0.216 13	1.862 699	0.526 235	0.302 794	0.505 924	-0.507 11
12	一体式 MBR3	-0.357 95	-0.349 63	0.504 323	0.526 235	0.302 794	0.529 738	-0.519 3
13	分离式 MBR4	-0.273 91	-0.264 03	1.082 912	0.526 235	0.302 794	0.510 937	-0.509 68

（3）各方案数据的相关矩阵（表 6.4）

表 6.4　各方案数据的相关矩阵

因子	Zscore(X_1)	Zscore(X_2)	Zscore(X_3)	Zscore(X_4)	Zscore(X_5)	Zscore(X_6)	Zscore(X_7)
Zscore(X_1)	1.000	1.000	-0.284	-0.626	-0.616	-0.627	0.627
Zscore(X_2)	1.000	1.000	-0.274	-0.608	-0.598	-0.608	0.608
Zscore(X_3)	-0.284	-0.274	1.000	0.526	0.387	0.518	-0.517
Zscore(X_4)	-0.626	-0.608	0.526	1.000	0.972	1.000	-1.000
Zscore(X_5)	-0.616	-0.598	0.387	0.972	1.000	0.976	-0.976
Zscore(X_6)	-0.627	-0.608	0.518	1.000	0.976	1.000	-1.000
Zscore(X_7)	0.627	0.608	-0.517	-1.000	-0.976	-1.000	1.000

注：通过中文 SPSS17.0 计算获得。

（4）KMO 和 Bartlett 的检验（表 6.5）

表 6.5　KMO 和 Bartlett 检验

	取样足够度的 Kaiser-Meyer-Olkin 度量	0.567
Bartlett 的球形度检验	近似卡方	409.346
	df	21
	Sig.	0.000

资料来源：通过 SPSS 计算所得。

KMO 检验是用于比较相关系数值和偏相关系数值的一个指标，它的值越逼近

1,说明采样越充分,一般低于 0.5 时需进行样本容量的扩充本文的 KMO 值为 0.567,所以说明取样已经足够充分。球形 Bartlett 检验显示的卡方值为 409.364,其显著性概率为 0。由于该检验的原假设为相关矩阵是单位矩阵,所以可以不接受原假设,从而认为该矩阵不是单位阵,适合采用因子分析方法建立模型。

(5)总方差解释表

按照因子分析的方法,本次分析中选取特征值大于 1 的方法来决定主成分的取舍。具体的总方差解释表见表 6.6。

表 6.6 总方差解释表

成分	初始特征			提取平方和载入			旋转平方和载入		
	合计	方差的(%)	累积(%)	合计	方差的(%)	累积(%)	合计	方差的(%)	累积(%)
1	5.233	74.763	74.763	5.233	74.763	74.763	3.714	53.060	53.060
2	1.056	15.082	89.846	1.056	15.082	89.846	2.575	36.786	89.846
3	0.689	9.844	99.690	—	—	—	—	—	—
4	0.022	0.309	99.999	—	—	—	—	—	—
5	7.503E−5	0.001	100.000	—	—	—	—	—	—
6	3.381E−7	4.831E−6	100.000	—	—	—	—	—	—
7	3.583E−9	5.118E−8	100.000	—	—	—	—	—	—

提取方法:主成分分析。

因子分析的最大优势在于各综合因子的权重不是主观赋值而是根据各自的方差贡献率大小来确定的,方差越大的变量越重要,从而具有较大的权重;相反,方差越小的变量所对应的权重也就越小。这就避免了人为确定权重的随意性,使得评价结果唯一,而且较为客观合理。前两个因子的方差之和占样本方差的 89.846%,这表明原来 7 个反映的再生水项目费用水平的指标可以由两个因子反映 89.846%,一般来说,累计方差百分比达到 85% 以上,即认为比较满意,因此本文取两个因子。

(6)因子载荷矩阵

计算 2 个因子的因子载荷矩阵,找出各公共因子的高载荷指标,从而提取出 2 个公共因子的因子模型:

$$F_i = a_{i1} E_1 + a_{i2} E_2 (i = 1, 2, \cdots, 7) \qquad (6.14)$$

其中 E_1、E_2 分别是各样本在公共因子上的得分;$a_{ij}(i = 1, 2, \cdots, 7; j = 1, 2)$ 为各公共因子的信息贡献率;F_i 为各样本的公共因子综合得分。为使因子之间的信息更加独立,对因子载荷阵进行最大方差正交旋转,旋转后所得矩阵见表 6.7。

表 6.7　旋转成分矩阵

因　子	成　分	
	1	2
Zscore(X_1)	−0.269	0.950
Zscore(X_2)	−0.247	0.955
Zscore(X_3)	0.699	0.017
Zscore(X_4)	0.894	−0.427
Zscore(X_5)	0.839	−0.456
Zscore(X_6)	0.892	−0.429
Zscore(X_7)	−0.892	0.430

注:1. 提取方法:主成分分析法。

2. 旋转法:具有 Kaiser 标准化的正交旋转法。

3. 旋转在 3 次迭代后收敛。

(7)因子辨识

经过旋转之后的因子载荷矩阵的经济含义比较明确。我们根据正交载荷阵中的高载荷将指标分成 2 类公共因子,逐次辨识。见表 6.8 和表 6.9。

表 6.8　各供水方案评价模型的因子组成

因子 1	因子 2
Zscore(X_3) 能耗成本	Zscore(X_1) 边际成本
Zscore(X_4) 人工成本	Zscore(X_2) 运营成本
Zscore(X_5) 设备成本	—
Zscore(X_6) 机会成本	—
Zscore(X_7) 剩余资产	—

表 6.9　公共因子辨识

因子	F_1	F_2
载荷指标	X_3, X_4, X_5, X_7, X_7	X_1, X_2
因子命名	投资因子	风险因子

(8)因子得分

为了评价各供水方案费用水平的高低,根据上述因子分析结果计算 12 个供水方案在 2 个公共因子上的得分,然后以各公共因子的方差贡献率为权数计算 12 个供水方案费用水平的综合得分,见表 6.10。

表 6.10 成分得分系数矩阵

因　子	成　分	
	1	2
Zscore(X_1)	0.220	0.541
Zscore(X_2)	0.232	0.552
Zscore(X_3)	0.332	0.266
Zscore(X_4)	0.261	0.038
Zscore(X_5)	0.225	-0.002
Zscore(X_6)	0.259	0.036
Zscore(X_7)	-0.259	-0.035

注:1. 提取方法:主成分分析法。

2. 旋转法:具有 Kaiser 标准化的正交旋转法。

由因子得分矩阵可以得到:

$$E_1 = 0.22 Zscore(X_1) + 0.232Zscore(X_2) + 0.332Zscore(X_3) + 0.261Zscore(X_4)$$
$$+ 0.225Zscore(X_5) + 0.259Zscore(X_6) - 0.259Zscore(X_7)$$

$$E_2 = 0.541Zscore(X_1) + 0.552Zscore(X_2) + 0.266Zscore(X_3) + 0.038Zscore(X_4)$$
$$- 0.002Zscore(X_5) + 0.036Zscore(X_6) - 0.035Zscore(X_7)$$

根据总方差解释表中两个因子的方差贡献率,便可得出两个因子的权重,投资因子的权重为 53.060%、风险因子的权重为 36.786%,由此可以得费用水平值:

$$F = 0.53060E_1 + 0.36786E_2 \tag{6.15}$$

(9)费用水平评价

根据以上计算公式,及标准化的指标数据,我们计算各因子得分,及各供水方案的费用水平值见表 6.11。

表 6.11 2010 年再生水项目各方案费用水平

供水方案	投资因子	排名	风险因子	排名	费用水平	排名
市政工业用水	-0.567 85	11	3.165 352	1	0.863 103	1
市政居民用水	-1.983 46	12	-0.257 26	6	-1.147 06	12
市政再生水	-2.149 83	13	-0.659 51	13	-1.383 31	13
一体化造粒流化床工艺 1	0.202 877	9	-0.448 47	9	-0.057 33	10
一体化造粒流化床工艺 2	0.206 527	8	-0.439 65	7	-0.052 14	9
中空纤维超滤膜(MBR,国产)	0.173 025	10	-0.447 35	8	-0.072 75	11
果壳滤料	0.314 632	6	-0.466	11	-0.004 48	7
页岩陶粒	0.312 813	7	-0.470 4	12	-0.007 06	8

续上表

供水方案	投资因子	排名	风险因子	排名	费用水平	排名
改性纤维球	0.317 913	5	-0.458 07	10	0.000 18	6
无机膜 MBR1	0.994 551	1	0.318 66	2	0.644 931	2
无机膜 MBR2	0.986 209	2	0.308 785	3	0.636 872	3
一体式 MBR3	0.484 746	4	-0.195 86	5	0.185 157	5
分离式 MBR4	0.707 823	3	0.049 748	4	0.393 871	4

6.2.3　因子分析方法评价

(1)2011 年~2019 年分析指标统计

同理,根据表 6.1 中的计算公式及表 5.2 中的数据,并考虑资金的时间价值获得 2011 年~2019 年的分析指标数据见附录中附表 6.1~附表 6.9。

(2)2011 年~2019 年因子分析评价条件汇总

根据附录中附表 6.1~附表 6.9 中的数据,采用中文 SPSS17.0 软件,得到评价条件汇总见表 6.12。

表 6.12　2010 年~2019 年数据的因子分析一览表

评 价 条 件		2010	2011	2012	2013	2014
KMO 和 Bartlett 的检验	取样足够度的 Kaiser-Meyer-Olkin 度量	0.567	0.599	0.554	0.625	0.572
	近似卡方	409.346	369.431	359.550	369.975	360.382
	df	21	21	21	21	21
	Sig.	0.000	0.000	0.000	0.000	0.000
共因子	因子 1 权重(%)	53.060	54.054	50.224	48.186	47.045
	因子 2 权重(%)	36.786	35.475	39.425	41.528	42.725
	合计(%)	89.846	89.529	89.649	89.714	89.770
因子辨识	因子 1 组成 (投资因子)	能耗成本 人工成本 设备成本 剩余资产 机会成本	能耗成本 人工成本 设备成本 剩余资产	能耗成本 人工成本 设备成本 剩余资产	能耗成本 人工成本 设备成本 剩余资产	能耗成本 人工成本 设备成本 剩余资产
	因子 2 组成 (风险因子)	边际成本 运营成本	边际成本 运营成本 机会成本	边际成本 运营成本 机会成本	边际成本 运营成本 机会成本	边际成本 运营成本 机会成本

评 价 条 件		2015	2016	2017	2018	2019
KMO 和 Bartlett 的检验	取样足够度的 Kaiser-Meyer-Olkin 度量	0.640	0.579	0.650	0.583	0.653
	近似卡方	371.566	361.039	373.303	361.492	374.561
	df	21	21	21	21	21
	Sig.	0.000	0.000	0.000	0.000	0.000
共因子	因子1权重(%)	46.378	45.921	45.592	45.360	45.176
	因子2权重(%)	43.417	43.907	44.247	44.502	44.690
	合计(%)	89.796	89.828	89.837	89.862	89.866
因子辨识	因子1组成 (投资因子)	能耗成本 人工成本 设备成本 剩余资产	能耗成本 人工成本 设备成本 剩余资产	能耗成本 人工成本 设备成本 剩余资产	能耗成本 人工成本 设备成本 剩余资产	能耗成本 人工成本 设备成本 剩余资产
	因子2组成 (风险因子)	边际成本 运营成本 机会成本	边际成本 运营成本 机会成本	边际成本 运营成本 机会成本	边际成本 运营成本 机会成本	边际成本 运营成本 机会成本

（3）2011 年~2019 年费用水平计算

分别对应附录中附表 6.1~附表 6.9 中的数据,采用中文 SPSS17.0 软件,获得对应的 2011 年~2019 年的费用水平列表见附录中附表 6.10~附表 6.18。

6.3 费用水平分析

根据表 6.11 和附录中附表 6.10~附表 6.18,绘制图 6.1~图 6.6。研究以 MBR1、MBR2、MBR3、MBR4 作为因子分析的参考,因此在绘图中没有考虑这几种方案。

选择市政商业供水、市政民用供水、市政再生供水、流化床方案 1 供水、流化床方案 2 供水、MBR 供水、果壳滤料过滤供水、页岩陶粒过滤供水(砂滤)、改性纤维球过滤供水作为项目供水的常用方案进行研究。选取 2010 年~2019 年 10 年之间,在不考虑价格上涨的情况下,只考虑银行的利率,获得上述几种方案在投资因子、风险因子、费用水平综合排名的列表。

从图 6.1 可以得出,过滤方案、流化床工艺、膜处理方案、市政商业供水、市政居民生活供水、市政再生供水的风险水平依次降低。投资因子排名较前的方案,说明采用这些方案,需要较大的投资,具有较高的投资风险和许多未知因素,影响对这些供

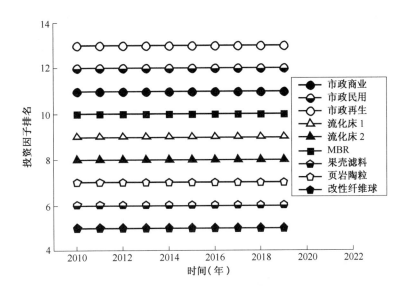

图 6.1　各方案投资因子排名分布图

水方案的选择。而这些方案在前期的固定投资比较多,从而说明前期投资越高,其风险就越高,符合事物发展的规律。因此,要推广再生水项目,需要降低"准入门槛"。

从图 6.2 可以看出,风险因子的排名基本上是市政商业、过滤方案、流化床工艺、

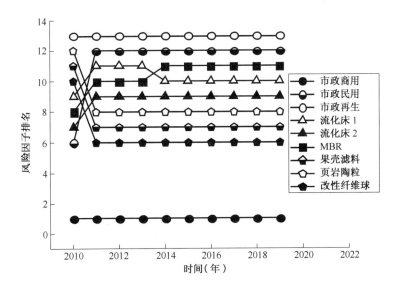

图 6.2　各方案风险因子排名分布图

MBR 方案、市政民用、市政再生依次降低。在前期的第一和第二年,则是由于机会成本在第一年考虑了银行利息,而其他的消耗,则没有考虑银行利息。说明银行利息,对各方案的风险因子影响比较显著。而在 2013 年,MBR 的风险因子排名比流化床 1靠前,但在 2014 年,则二者的排名互相交换,这也是因为银行利息实行按年执行阶梯利息的缘故。因此,银行利息是影响再生水项目推广的一个重要因素。

从图 6.3 可以看出,市政商业用水的费用水平最高,其次是分散再生供水,然后是市政民用供水和市政再生供水。

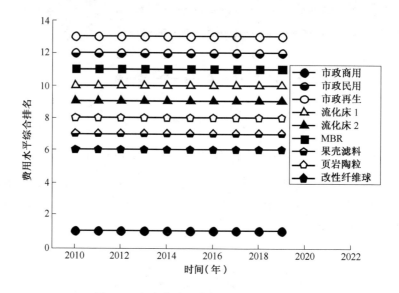

图 6.3　各方案费用水平综合排名分布图

从图 6.4 可以看出,市政再生、市政民用、市政商用其供水方案其投资因子是大体是逐渐上升的,而其他供水方案的投资因子,则是逐步降低的,这是符合投资项目的运转规律,因为随着时间的推移,投资方案在正常运作的情况下,其风险性在逐步降低,假以时日,则其必然可以达到投资的目的。

从图 6.5 可以看出,市政商业供水方案的风险因子最高,其次是各个再生水项目的供水方案。而市政居民用水、市政再生用水的风险因子水平则较低。随着时间的推移,这些市政供水方案的风险因子水平则是不断上升,而其他供水方案的水平则是逐渐减低。从图可以看出,到 2019 年共 10 年的时间内,市政民用水的风险因子水平已经和其他再生水项目供水方案非常接近。之所以会出现这种现象,主要在于其他再生水项目供水方案的风险,不仅是造水方面的风险,还有机会成本的风险,这也是风险水平中,比较重要的一部分。

比较图 6.5 和图 6.6,可以发现,市政再生供水、市政居民供水和市政商业用水

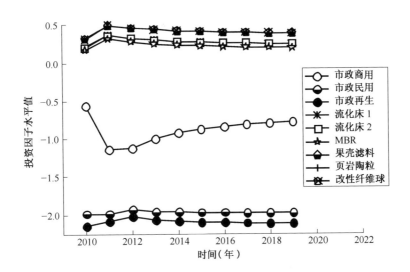

图 6.4　各方案投资因子水平值

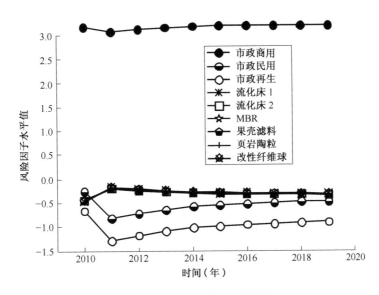

图 6.5　各方案风险因子水平值

的费用水平随着时间的推移,其增长更加明显。而其他供水方案仍呈现出下降的趋势。从中可以看出,再生水项目供水方案的费用水平,和市政民用、市政再生的差异比较明显,而市政商业供水的费用水平,显然是这些方案中最高的。

从以上分可以得出,在再生水项目供水方案和市政供水方案进行比较时,市政民

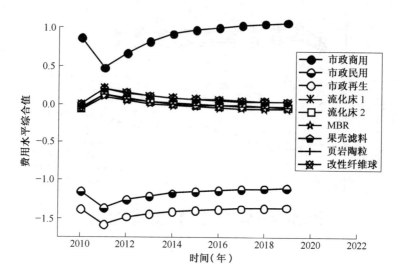

图 6.6　各方案费用水平综合值

用和再生的供水方案的费用水平低于各个再生水项目供水方案。这就能强有力的解释为什么有些企业不愿意去进行分散再生水项目,原因在于分散再生水项目有太多的投资、太多的风险,但随着时间的推移,它们之间的差距也在减小。

在 2010 年~2019 年,利用因子分析法,根据全费用模型分析获得如下结论:

(1)市政再生的综合费用水平值最低,其投资因子值和风险因子值亦是最低,其次是市政民用,其综合费用水平、投资因子值和风险因子值均是第二低。

(2)分散式中水再生的费用水平值低于市政商业供水而高于市政再生供水和市政居民生活供水;其投资因子值最高,但随着项目运行时间的增长而降低;其风险因子值低于市政商业供水而高于市政再生供水和市政居民生活供水,其随着运行时间的增长而降低。

(3)市政商业供水的费用水平值和风险因子值均最高,但其投资因子值低于分散式中水再生,而高于其他供水方式。

第7章　再生水资源化的可持续发展评价

7.1　可持续发展内涵

可持续发展的概念,来源于生态学控制论"持续自生"的原理,后来演化成一个国际化的术语。

1992年世界环境与发展大会召开以来,可持续发展思想已成为世界各国制定社会经济发展战略的主要依据。按照联合国环境与可持续发展委员会的解释,可持续发展的定义为:"既能满足当代人的需要,又不对后代人满足其需要的能力构成危害的发展模式"。

可持续发展的内涵可以从三个方面进行理解:首先,需要,发展是满足人类的需要;其次,限制,人类行为要受到自然界的制约;再次,公平,表示代际、当代人、人类与自然界其他生物物群等之间、不同国家、不同地区之间的公平。可持续发展的内涵体现公平性、持续性和共同性的原则。

7.2　可持续发展度评价模型及其修正

7.2.1　可持续发展度评价模型

可持续发展度(the Degree of Sustainable Development,简写为 DSD)是描述生态示范区可持续发展整体状态的综合性指标,直接体现区域发展状态与发展水平,系统可持续发展的强弱直接表现为 DSD 增减和系统协调性增减。

(1)多目标线性加法合成法和乘法合成法模型

DSD 作为目标层是对各准则的综合评价,用得较多的测算模型是多目标线性加法合成法和乘法合成法。

$$\text{DSD} = \sum_{i=1}^{n} \omega_i p_i \quad \text{或} \quad \text{DSN} = \prod_{i=1}^{n} \omega_i p_i \qquad (7.1)$$

式中　ω_i——p_i 所对应的指标权重;

p_i——无量纲化的指标值;

n——观测指标个数。

（2）三元分析模型

主要根据可持续发展的内涵,确定可持续发展度由发展度、协调度和持续度构成。定义可持续发展度(D)以描述特定时间内区域可持续发展能力的强弱,它是发展位(L)、发展势(P)和协调度(H)的函数,即:

$$D = f(L, P, H)$$

①三元加和模型

$$\text{DSD} = \omega \times DI_t + \lambda \times CI_t + \theta \times Si_t \tag{7.2}$$

式中　DI_t——系统在时刻 t 的发展度;

　　　CIt——系统从 $t-1$ 到 t 时段系统发展的协调程度;

　　　Sit——城市持续度;

　ω, λ, θ——权值,$\omega + \lambda + \theta = 1$。

②三元优化模型

$$\text{DSD}_j = \sqrt[3]{L_j P_j H_j} \tag{7.3}$$

式中 L_j、P_j、H_j 分别表示评价模型中的发展度、协调度和持续度。

7.2.2　可持续发展度修正模型建立

可持续发展是一个综合概念,其耦合函数并不容易获得。研究采用加权法进行可持续度进行研究,且此方法符合多元分析的原理。

研究认为,在加权公式中权重也是一个具有"空间—时间"函数。即:

$$\omega = g(x, y, z, t)$$

因此研究对可持续度的加权求和公式进行修正,即:

$$\text{DSD}_t = \sum_{i=1}^{n} \omega_{it} p_{it} \tag{7.4}$$

该公式的一般约束条件为:$\sum_{i=1}^{n} \omega_{it} = 1$

式中　DSD_t——t 时刻系统的可持续发展度;

　　　ω_{it}——t 时刻 p_i 所对应的指标权重;

　　　p_{it}——t 时刻无量纲化的指标值;

　　　n——t 时刻观测指标个数。

显然,权重是一个动态函数。可持续发展项目的评价一般是对未来进行评价,因此,需要确定未来的权重进行评价。

当客观数据部不全,不能确定其客观权重,或者采用主观权重进行评价时,由于人们对于事物的认识是一个发展的过程,对权重的评分也是一个随时间变化的过程,所以需要采用已知的权重,对未来的权重进行预测拟合。则权重的预测模型为:

$$\omega_{it} = h_i(\omega_{i1}, \omega_{i2}, \cdots, \omega_{ij}, \cdots, \omega_{im}, t) \tag{7.5}$$

式中　ω_{it}——第 i 项观察指标所对应 t 时刻的预测权重;

　　　h_i——第 i 项观察指标所对应权重的预测函数;

　　　ω_{ij}——第 i 项观察指标 j 时刻已知权重;

　　　t——时间。

7.2.3　供水项目可持续发展评价模型

在研究供水项目可持续发展评价中,仍采用可持续发展度进行评价。研究采用牛文元等所提供的各项评价指标的权重,在权重变化研究体系下,以其为项目成熟期的权重,即为初始权重。即供水项目可持续发展度评价模型为:

$$\text{DSD}_t = \sum_{i=1}^n \omega_{it} p_{it} = \sum_{i=1}^n \omega_{i0} f_i(t) p_{it} \tag{7.6}$$

式中　ω_{i0}——第 i 项观察指标所对应初始权重;

　　　$f_i(t)$——第 i 项检测指标的权重系数的预测函数,$f_i(t) \leq 1$。

其他符号意义同式(7.4)。

研究可持续发展,一种是从生存、发展、环境、社会和人力 5 大支持系统的角度进行评价;另一种是从发展度、协调度、持续度的角度进行评价。供水项目可持续发展从 5 大支持系统的角度进行评价。

按照房地产项目的规定,其期限应为 70 年。因而,研究认为发展支持系统、社会支持系统和智力支持系统的权重系数则应属于生命周期的函数估计。在项目实行的初期,则生存支持系统的权重应该是比较重要的,而针对供水项目来说,环境支持系统的权重可以是不变的。在项目的后期,在进行计算时,可以把生存支持系统的权重也看做是符合生命周期函数的估计的,而把环境权重看做是逐渐增大的。研究参照在供水项目实施 10 年内,其分散式中水再生供水单价可以匹配市政生活供水单价,因此,研究采用 10 年为期限进行研究。

发展支持系统、社会支持系统和智力支持系统的权重系数预测采用生命周期函数进行,生命周期函数用龚柏兹曲线函数进行预测,其数学预测模型为:

$$\tilde{y}_t = Ka^{bt} \tag{7.7}$$

式中　$\tilde{y}_t$——预测值;

　　　K——表示预测值的极限值或者饱和点;

　　　t——时间参数;

　　　a, b——决定曲线位置和中间部分斜率的参数。

运用三段对数总和法可以得出 b, a, K 的值。

假设 r 为观测数据数量 n 的 $1/3$（若 n 不是 3 的整数倍，则剔除远期的数据项，直到可以被 3 整除），$\sum_1 \lg y_t$，$\sum_2 \lg y_t$，$\sum_3 \lg y_t$ 分别表示三等分之后各段的数据对数之和。则：

$$b = \sqrt{\frac{\sum_3 \lg y_t - \sum_2 \lg y_t}{\sum_2 \lg y_t - \sum_1 \lg y_t}} \qquad (7.8)$$

$$\lg a = \left(\sum_2 \lg y_t - \sum_1 \lg y_t \right) \frac{b-1}{(b^r - 1)^2} \qquad (7.9)$$

$$\lg K = \frac{1}{r} \left[\sum_1 \lg y_t - \left(\frac{b^r - 1}{b - 1} \right) \lg a \right] \qquad (7.10)$$

通过求 $\lg a$、$\lg K$ 的反对数，可以得到 a、K 的值。

龚柏兹曲线只能预测到成熟期，而对衰退期曲线则与投入期和成长期曲线之值正好大小相等且方向相反，因此设定生命周期的时间，就可以直接读出与之对应的衰退期各时点的预测值。

则在项目运行初期，生存支持系统权重系数的预测模型为：

$$y_{1t} = 0.95 - y_{2t} - y_{3t} - y_{4t} - y_{5t} \qquad (7.11)$$

式中　y_{1t}——t 时刻生存支持系统的权重系数；

y_{2t}——t 时刻发展支持系统的权重系数；

y_{3t}——t 时刻环境支持系统的权重系数，研究中 $y_{3t} = 20\%$；

y_{4t}——t 时刻社会支持系统的权重系数；

y_{5t}——t 时刻智力支持系统的权重系数。

7.3　西安供水项目可持续发展评价

（1）项目可持续发展评价基本数据统计

牛文元等指出，在假定初步确定识别可持续发展系统的临界概率为 90% 的前提下，选择出的生存支持系统（要素组）的贡献率为 30%，发展支持系统（要素组）的贡献率为 25%，环境支持系统（要素组）的贡献率为 20%，社会支持系统（要素组）的贡献率为 10%，智力支持系统（要素组）的贡献率为 10%。由于其系统识别能力的总和贡献率 95% 已经超出可以代表系统总行为的临界概率 90%，因而上述五个要素组能够作为判定可持续发展行为的基础要素组。

生存支持系统的数据根据表 5.4 获得，发展支持系统、智力支持系统的数据由西安绿地世纪城物业提供（表 7.1），并在现场进行统计验证。环境支持系统按照供水项目的运行的天负荷进行统计，社会支持系统的电耗和安置就业人数按照表 5.2 进行统计,而安全水平由专家按 1～10 进行打分统计。

表 7.1　西安绿地世纪城可持续发展供水方案统计表

要素组	指标		分散中水	集中中水	市政供水
生存支持系统 (30%)	水价 (元/m³)	2010 年	2.559 243	1.764 911	3.534 911
		2011 年	2.632 409	1.822 468	3.651 32
		2012 年	2.708 819	1.882 576	3.772 89
		2013 年	2.844 894	1.953 195	3.907 71
		2014 年	2.934 461	2.023 124	4.049 025
		2015 年	3.066 76	2.101 244	4.201 318
		2016 年	3.167 137	2.177 467	4.354 878
		2017 年	3.272 204	2.257 118	4.515 315
		2018 年	3.382 248	2.340 438	4.683 115
		2019 年	3.497 557	2.427 655	4.858 745
发展支持系统(25%)	卫生器具个数(个)		1 920	1 920	1 920
	停车场个数(个)		362	362	362
	绿化面积(m²)		6 388	6 388	6 388
	浇洒道路面积(m²)		2 063	2 063	2 063
	净化景观水(m³)		3 274.5	0	0
环境支持系统(20%)	污染用水减排量(m³/d)		325	325	0
社会支持系统(10%)	电耗(万元/年)		1.948 33	0	0
	安置就业人数		5	3	3
	安全水平		5	6	8
智力支持系统(10%)	学历教育水平(大专以上比例人数)		1	0	0

注:分散式中水为一体化流化床工艺 1。

(2)支持系统分项初始权重的确定

采用层次分析法,通过专家评分,获得发展和支持系统的判别矩阵为表 7.2 和表 7.3。

表 7.2　发展支持系统的矩阵判别表

发展支持系统	卫生器具	停车场	绿化面积	浇洒道路	净化景观水	w_i	指标
卫生器具	1	6	4	8	3	0.487 664	$\lambda_{max}=5.18$
停车场	1/6	1	1/3	2	1/5	0.063 884	C. I. = 0.045 91
绿化面积	1/4	3	1	4	1/3	0.136 784	R. I. = 1.12
浇洒道路	1/8	1/2	1/4	1	1/6	0.041 607	C. R. = 0.04
净化景观	1/3	5	3	6	1	0.270 060	

表 7.3　社会支持系统矩阵判别表

表 7.3　社会支持系统矩阵判别表

社会支持系统	电耗	就业	安全	w_i	指标
电耗	1	2	1/2	0.285 714	$\lambda_{max} = 3$
就业	1/2	1	1/4	0.142 857	C. I. = 0 R. I. = 0.52
安全水平	2	4	1	0.571 429	C. R. = 0

通过表 7.1、表 7.2 和表 7.3,计算出各系统各指标的权重数据见表 7.4。

表 7.4　供水项目各分项指标的初始权重

指标	水价	卫生器具	停车场	绿化面积	浇洒道路	净化景观
权重	0.30	0.122	0.016	0.034	0.010	0.068
指标	污染减排	电耗	就业	安全	学历教育	
权重	0.20	0.029	0.014	0.057	0.10	

(3)发展、社会、智力支持系统的预测函数及其预测值

研究者分别在 2010 年、2011 年、2012 年通过专家对权重因子进行打分,综合得分见表 7.5。

表 7.5　支持系统权重因子的专家评分表

年份	发展支持	社会支持	智力支持
2010	0.56	0.41	0.39
2011	0.69	0.52	0.50
2012	0.79	0.62	0.60

①发展支持系统权重系数预测函数及预测值

根据式(7.8)、式(7.9)、式(7.10)和表 7.5 中的数据,计算出:

$$a = 0.552 \quad b = 0.805 \quad k = 1.014$$

则发展支持系统的预测数学模型公式为:

$$y_{2t} = 1.014(0.552)^{0.805^t} \tag{7.12}$$

通过式(7.11),计算获得发展支持系统 20 年内的权重因子预测值见表 7.6。

表 7.6　发展支持系统权重因子预测值

年份	2010	2011	2012	2013	2014	2015	2016	2017	2018	2019
预测值	0.629	0.690	0.744	0.790	0.829	0.862	0.890	0.913	0.932	0.947
年份	2020	2021	2022	2023	2024	2025	2026	2027	2028	2029
预测值	0.960	0.970	0.979	0.985	0.991	0.995	0.999	1.001	1.004	1.006

②社会支持系统权重系数预测函数及预测值

根据式(7.8)、式(7.9)、式(7.10)和表 7.5 中的数据,计算出:

$$a = 0.401 \quad b = 0.860 \quad K = 1.023$$

则社会支持系统权重系数的预测数学模型为:

$$y_{4t} = 1.023(0.401)^{0.86^t} \tag{7.13}$$

通过式(7.11)计算获得社会支持系统 20 年内的权重因子预测值见表 7.7。

表 7.7 社会支持系统权重因子预测值

年份	2010	2011	2012	2013	2014	2015	2016	2017	2018	2019
预测值	0.466	0.52	0.572	0.620	0.665	0.706	0.744	0.778	0.808	0.835
年份	2020	2021	2022	2023	2024	2025	2026	2027	2028	2029
预测值	0.859	0.880	0.899	0.915	0.930	0.942	0.953	0.963	0.971	0.978

③智力支持系统权重系数预测函数及预测值

根据式(7.8)、式(7.9)、式(7.10)和表 7.5 中的数据,计算出:

$$a = 0.393 \quad b = 0.857 \quad K = 0.992$$

则智力支持系统权重系数的预测数学模型为:

$$y_{5t} = 0.992(0.393)^{0.857^t} \tag{7.14}$$

通过式(7.12)计算获得智力支持系统 20 年内的权重因子预测值见表 7.8。

表 7.8 智力支持系统权重因子预测值

年份	2010	2011	2012	2013	2014	2015	2016	2017	2018	2019
预测值	0.446	0.500	0.552	0.600	0.645	0.686	0.723	0.757	0.787	0.813
年份	2020	2021	2022	2023	2024	2025	2026	2027	2028	2029
预测值	0.837	0.857	0.875	0.891	0.905	0.917	0.927	0.936	0.944	0.951

(4)项目可持续发展评价数据的标准化

数据采用 0-1 标准化。根据表 7.1 所提供的数据进行标准化,采用的标准化公式为:

正向指标标准化:

$$y_{ij} = \frac{x_{ij}}{\sqrt{\sum_{i=1}^{n} x_{ij}^2}} \tag{7.15}$$

反向指标标准化:

$$y_{ij} = 1 - \frac{x_{ij}}{\max(x_j)} \tag{7.16}$$

西安绿地世纪城可持续发展供水方案数据标准化统计见表7.9。

表 7.9　西安绿地世纪城可持续发展供水方案数据标准化统计表

要素层		指标	分散中水	集中中水	市政供水
生存支持系统（30%）	水价	2010 年	0.276 009	0.500 72	0
		2011 年	0.279 053	0.500 874	0
		2012 年	0.282 031	0.501 025	0
		2013 年	0.271 979	0.500 169	0
		2014 年	0.275 267	0.500 343	0
		2015 年	0.270 048	0.499 861	0
		2016 年	0.272 738	0.499 994	0
		2017 年	0.275 31	0.500 119	0
		2018 年	0.277 778	0.500 239	0
		2019 年	0.280 152	0.500 353	0
发展支持系统(25%)		卫生器具个数（个）	0.577 35	0.577 35	0.577 35
		停车场个数（个）	0.577 35	0.577 35	0.577 35
		绿化面积（m²）	0.577 35	0.577 35	0.577 35
		浇洒道路面积（m²）	0.577 35	0.577 35	0.577 35
		净化景观水（m³）	1	0	0
环境支持系统(20%)		污染用水减排量（m³/d）	0.577 35	0.577 35	0
社会支持系统(10%)		电耗	0	1	1
		安置就业人数	0.762 493	0.457 496	0.457 496
		安全水平	0.447 214	0.536 656	0.715 542
智力支持系统(10%)		学历教育水平(大专以上比例)	1	0	0

注:分散式再生水为一体化流化床工艺1。

（5）可持续发展度计算

根据预测权重因子、测量指标标准化数据和权重,得到可持续发展度的相对水平计算公式:

$$DSD_t = \sum_{i=1}^{n} \omega_{it} p_{it} = \sum_{i=1}^{n_1} \omega_{i0}^1 y_{1t} p_{it} + \sum_{i=1}^{n_2} \omega_{i0}^2 y_{2t} p_{it} +$$

$$\sum_{i=1}^{n_3} \omega_{i0}^3 y_{3t} p_{it} + \sum_{i=1}^{n_4} \omega_{i0}^4 y_{4t} p_{it} + \sum_{i=1}^{n_5} \omega_{i0}^5 y_{5t} p_{it} \qquad (7.17)$$

式中　ω_{i0}^1,ω_{i0}^2,ω_{i0}^3,ω_{i0}^4,ω_{i0}^5——分别表示 5 大支持系统各分项的初始权重,见表 7.4;

y_{1t}，y_{2t}，y_{3t}，y_{4t}，y_{5t}——分别表示 5 大支持系统的预测函数，$y_{3t}=20\%$，（其他见式（7.11），式（7.12），式（7.13），式（7.14）；

p_{it}——表示对应 t 时刻第 i 项观测指标的标准化值，见表 7.9。

（6）项目的可持续发展评价分析

按照式（7.17），通过 Excel 计算结果见表 7.10。

表 7.10　项目可持续发展度计算结果

项目	2010 年	2011 年	2012 年	2013 年	2014 年	2015 年	2016 年	2017 年	2018 年	2019 年
分散再生	0.424	0.436	0.447	0.452	0.461	0.466	0.473	0.479	0.484	0.489
集中再生	0.464	0.461	0.458	0.455	0.453	0.45	0.449	0.447	0.446	0.445
市政供水	0.102	0.112	0.122	0.13	0.138	0.145	0.15	0.155	0.16	0.163

通过表 7.10，绘制图形，如图 7.1 所示。

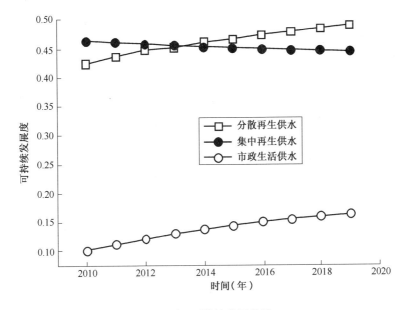

图 7.1　项目可持续发展曲线

从图 7.1 可以看出，在绿地世纪城项目中，无论是分散式再生水项目还是集中式再生水项目，在 2010 年~2019 年 10 年中都比市政生活供水有更好的可持续发展水平。分散式再生水项目在经过前期的生存挣扎后，比集中式再生水项目有更好的可持续发展。

因此可以得出在中国城市供水中，再生水项目具有较好的可持续发展。

第8章　价值工程与城市再生水发展

8.1　城市再生水发展背景分析

(1)再生水具有较好的市场效应

研究采用效益/费用模型,利用专家打分,运用层次分析法,获得分散式再生水、市政再生和市政生活供水的效益成本比分别为 1.379 424、1.090 559、0.524 139,因而再生水具有较好的市场推广前景;以市政生活供水和商业供水为畅销市场和滞销市场参照,利用居民评分,采用费歇判别判断,获得再生水的判别函数值大于其阈值,说明再生水具有较好的消费市场。

综合二者的分析,可以得出再生水已经能够得到人们的认可,具有较好的市场效应。

(2)再生水具有一定的经济效益

通过经济分析,市政再生水和分散再生水的单位造价都低于市政居民生活供水,说明二者都有一定的经济效益。按照市政居民生活供水的价格销售再生水,针对分散再生水项目进行动态投资回收期研究,对投资者来说需要 16 年左右的时间才能收回成本。而由于再生水的水质比市政生活供水的稍差,因而其价格应该低于市政生活供水的价格。如果再以更低的价格计算分散再生水项目的动态投资回收期,则时间会更加漫长。因而,对投资者来说,需要尽快回收成本,以降低投资风险。另外,由于规模经济效应,分散再生水的价格也高于市政再生水的价格,其价格没有"顶端优势",和市政再生水比较,没有竞争优势,一旦市政再生水进入市场,分散再生水项目就将没有市场。因而,这些也是阻碍分散再生水项目投资者进行投资的重要原因之一。

而对于具有一定规模的消费者来说,由于资金时间价值的原因,导致在进行方案的选择时,只需要 10 年左右的时间,分散再生水项目就可以优于市政生活供水方案。因而,用水量大的消费者,可以建立分散再生水项目。

但对于居民生活区来说,每一户居民消费的水量不多,这就是为什么中国的绝大部分居民小区没有建立分散再生水项目的重要原因。

(3)分散再生水的投资大、风险高

分散再生的造价低于市政生活供水,而其费用水平高于市政生活供水。在分析年限内,费用水平的分析同时显示,分散再生的投资因子值远高于市政生活供水,而其风险因子值也是略高于市政生活供水。说明分散再生项目需要承担较高的投资和风险。这也是分散再生水项目"曲高和寡"的原因。

而市政再生水项目具有较低的风险和投资,但市政再生水项目需要国家的财政支持,来进行相应配套资金,例如增建再生水管道等,由于中国为发展中国家,对再生水的投资强度不大,导致国家近年在再生水回用方面的科技投入不足,使这一技术在国内的应用还处于初级阶段,全国大型再生水回用项目屈指可数,回用率不足 0.1%。在中国的绝大部分城市基本都没有再生水项目。而国外却有着明显的资金优势,如法国塞纳河入海之前被利用 9 次。

(4)再生水项目具有较好的可持续性发展水平,符合国家的发展战略。

利用可持续发展度的加权求和模型,采用项目可持续发展评价的五大支持系统分类和其权重基础,通过专家对权重因子的前期评分,利用生命周期函数对权重因子进行预测,获得分散再生水和市政再生水,都具有比较好的可持续发展水平,因而应该得到国家的战略支持。

(5)居民用水标准不断提高

饮用水水质标准状况是与生产力和分析手段的发展相适应的,标准直接反映了国家的研究现状和对饮用水水质认识水平。国际上主要的饮用水水质标准有世界卫生组织(WHO)《饮用水水质准则》、欧洲共同体(EC)《饮用水水质指令》、美国环保署 USEPA《美国饮用水水质标准》,这 3 部标准是目前国际上公认的先进、安全的水质标准,也是其他各国制定标准的基础或参照。这 3 部标准各具特点,在原标准的基础上做了大量修订,突出表现在水质指标数量的增加、微生物和有机物种类、浓度的严格限制。通常水中的污染物质主要分为有机物、无机物、微生物和放射性物质 4 大类。我国目前的水质标准也在不断变革,基本接近国际先进水平。

水质标准的提高,一方面就必然增加市政居民用水的造价,其水价也会水涨船高;另一方面,水质标准的提高也为再生水的再生打开了方便之门。

居民生活供水水质标准的提高,使得再生水的水源水大部分只需要针对性地处理其在利用过程中的污染,就能达到再生二次利用的目的。这也可能会导致再生水的造价降低。由于供水方案中,价格的此消彼长,这是再生水发展的有利因素。

当前,我国的用水危机加重,南水北调大大缓解了我国北方一定区域的水源危机,但我国很多地方还是比较的缺水,特别是西部地区,有些地区全年的平均降雨量极其低下,因此,水的再生利用具有重要意义。

综上所述,再生水的发展有利有弊。市政再生水需要大的国家财政投资,而我国是发展中国家,导致市政再生水项目在中国城市出现的概率偏少,但这一状况正在慢慢改变。而分散再生水,由于动态投资回收期偏长,投资高,风险大,导致其投资市场遇冷。因而,研究采用价值工程理论,以期能推动再生水的发展。

8.2　价值工程基本理论

(1)价值工程的基本理论和内涵

价值工程(Value Engineering 简称 VE),也称价值分析(Value Analysis,简写 VA),是指以产品或作业的功能分析为核心,以提高产品或作业的价值为目的,力求以最低寿命周期成本实现产品或作业使用所要求的必要功能的一项有组织的创造性活动,也有人称之为为功能成本分析。

价值工程(价值分析)是降低成本,提高经济效益的有效方法,是一种新兴的管理技术。它于 20 世纪 40 年代起源于美国设计师麦尔斯(L. S. Miles)。价值工程发展历史上的第一件事情是美国通用电器(GE)公司的石棉事件,二战期间,美国市场原材料供应十分紧张,美国通用电器公司急需石棉板,但该产品的货源不稳定,价格昂贵,时任该公司工程师的 Miles 开始针对这一问题研究材料代用问题,通过对公司使用石棉板的功能进行分析,发现其用途是铺设在给产品喷漆的车间地板上,以避免涂料玷污地板引起火灾,后来,Miles 在市场上找到一种防火纸,这种纸同样可以起到以上作用,并且成本低,容易买到,取得很好的经济效益。这就是早期的价值工程。1955 年这一方法传入日本后与全面质量管理相结合,得到进一步发展,成为一套更加成熟的价值分析方法。我国对这一方法的认识是在 1978 年,现在已经被重视和普及。

价值工程虽然起源于材料和代用品的研究,但这一原理很快就扩散到各个领域,有广泛的应用范围,大体可应用在两大方面:

一是在工程建设和生产发展方面。大的可应用到对一项工程建设,或者一项成套技术项目的分析,小的可以应用于企业生产的每一件产品,每一部件或每一台设备,在原材料采用方面也可应用此法进行分析,具体做法有:工程价值分析、产品价值分析、技术价值分析、设备价值分析、原材料价值分析、工艺价值分析、零件价值分析和工序价值分析等。

二是在组织经营管理方面。价值工程不仅是一种提高工程和产品价值的技术方法,而且是一项指导决策,有效管理的科学方法,体现了现代经营的思想。在工程施工和产品生产中的经营管理也可采用这种科学思想和科学技术。例如:对经营品种价值分析、施工方案的价值分析、质量价值分析、产品价值分析、管理方法价值分析、作业组织价值分析等。

所谓价值工程,指的都是通过集体智慧和有组织的活动对产品或服务进行功能分析,使目标以最低的总成本(寿命周期成本),可靠地实现产品或服务的必要功能,从而提高产品或服务的价值。价值工程主要思想是通过对选定研究对象的功能及费用分析,提高对象的价值。

价值工程中所说的"价值"有其特定的含义,与哲学、政治经济学、经济学等学科关于价值的概念有所不同。价值工程中的"价值"就是一种"评价事物有益程度的尺度"。价值高说明该事物的有益程度高、效益大、好处多;价值低则说明有益程度低、效益差、好处少。例如,人们在购买商品时,总是希望"物美而价廉",即花费最少的代价换取最多、最好的商品。价值工程把"价值"定义为:"对象所具有的功能与获得该功能的全部费用之比",即

$$V = \frac{F}{C} \tag{8.1}$$

式中　$V(value)$——价值,指对象具有的必要功能与取得该功能的总成本的比例,即效用或功能与费用之比;

$F(function)$——功能,指产品或劳务的性能或用途,即所承担的职能,其实质是产品的使用价值;

$C(cost)$——费用,产品或劳务在全寿命周期内所花费的全部费用,是生产费用与使用费用之和。

这是价值工程的基本理论公式。价值工程涉及到价值、功能和寿命周期成本等三个基本要素。价值工程是一门工程技术理论,其基本思想是以最少的费用换取所需要的功能。这门学科以提高工业企业的经济效益为主要目标,以促进老产品的改进和新产品的开发为核心内容。

价值工程认为,功能对于不同的对象有着不同的含义:对于物品来说,功能就是它的用途或效用;对于作业或方法来说,功能就是它所起的作用或要达到的目的;对于人来说,功能就是他应该完成的任务;对于企业来说,功能就是它应为社会提供的产品和效用。总之,功能是对象满足某种需求的一种属性。认真分析一下价值工程所阐述的"功能"内涵,实际上等同于使用价值的内涵,也就是说,功能是使用价值的具体表现形式。任何功能无论是针对机器还是针对工程,最终都是针对人类主体的一定需求目的,最终都是为了人类主体的生存与发展服务,因而最终将体现为相应的使用价值。因此,价值工程所谓的"功能"实际上就是使用价值的产出量。

价值工程所谓的成本是指人力、物力和财力资源的耗费。其中,人力资源实际上就是劳动价值的表现形式,物力和财力资源就是使用价值的表现形式,因此价值工程所谓的"成本"实际上就是价值资源(劳动价值或使用价值)的投入量。

(2)提高价值工程的主要途径

提高价值的五种主要途径主要为:

①成本不变,功能提高($F\uparrow/C\rightarrow = V\uparrow$)

②功能不变,成本下降($F\rightarrow/C\downarrow = V\uparrow$)

③成本略有增加,功能大幅度提高($F\uparrow\uparrow/C\uparrow = V\uparrow$)

④功能略有下降,成本大幅度下降($F\downarrow/C\downarrow\downarrow = V\uparrow$)

⑤成本降低,功能提高($F\uparrow/C\downarrow = V\uparrow$)

(3)价值工程的基本特点

①以使用者的功能需求为出发点。

②对功能进行分析。

③系统研究功能与成本之间的关系。

④努力方向是提高价值。

⑤需要由多方协作,有组织、有计划、按程序地进行。

(4)价值工程的发展

可以从四个方面来拓展价值工程的理论框架和思维空间:

①丰富"功能"的内涵,扩展"功能"的外延,对不同形式的功能进行辩证分析和统一度量。"功能",是指事物的特性对于目标对象的某一特定目的所能产生的效用。价值工程一般只对功能进行物理意义上的分析和度量,进一步可以进行经济学意义上的分析和度量,而不能进行价值意义上的分析和度量,因而对不同形式的功能难以进行分析和比较,缺乏统一的度量标准、度量方法和度量单位。虽然所有事物的功能都有一个或若干个直接或间接的目标对象,但最终的目标对象是人类主体;而人类对功能需求的目的,归根结底是维持和发展自身的本质力量(对于个人来说就是发展个体的劳动能力,对于社会来说就是发展社会生产力),即任何功能的最终效用就是维持和发展自身的本质力量,这是功能的本质或核心,因此任何具体的功能在本质上都是直接或间接的使用价值。从上述的分析可以看出,任何形式的功能或使用价值可以从价值论的角度用统一的度量标准、度量方法和度量单位进行分析和度量,使功能的外延从物理意义上的功能扩展到社会经济、政治和文化等的功能。

②丰富"成本"的内涵,扩展"成本"的形式,对所有形式的成本能够进行辩证分析和统一度量。事物任何功能的形成、维持和发展都以一定的成本为前提条件。人类社会为获取功能而付出的"成本",主要体现为人力、物力和财力资源的投入。价值工程通常只能对具有经济和资源意义上的成本进行分析与度量,度量单位通常是货币,但对那些非经济类型的成本却难以进行分析和度量,因而受到很大局限。而从成本的内涵和外延分析可以看出,任何形式的成本最终都是劳动价值或使用价值的成本,都可以从价值论的角度用统一的度量标准、度量方法和度量单位进行分析和度量。这样,价值工程可以对众多复杂的、多种形式的成本进行客观的分析和度量,使成本的外延从经济和资源意义上的成本扩展到社会经济、政治和文化等的成本。

③丰富"价值"的内涵,把时间因素纳入价值的内涵之中,对众多的事物或系统

的价值进行辩证分析和统一度量。在价值工程中,"价值"是功能与耗费的比值,只能反映事物或系统在某一确定时间内投入产出的相对量,而不能反映这个事物或系统的价值收益率(即价值率),不能反映其在单位时间内的投入产出效率。进一步分析可以发现,事物或系统之间的竞争并不是对"投入产出比"大小的竞争,而是对价值率大小的竞争,事物或系统的价值率越大,其发展速度就越迅猛,即:各种价值资源的分配方向和流动速度是依据价值率大小进行的,价值率越大的事物或系统,价值资源向其分配的方向就越明确,向其流动的速度也就越快。比较事物或系统价值的意义,不应依据投入产出比,而应依据事物或系统的投入产出效率或价值率。只有当功能与耗费都与时间成线性关系时,"价值率"才等价于系统的投入产出比,才等价于传统价值工程对于价值的定义(即功能与耗费的比值)。对"价值"的内涵进行扩展,可以帮助人们对众多形式的、非线性的、动态的、多层次的物质系统和社会人文系统的价值特性进行分析和统一度量,从而大大提高价值工程的客观性、精确性和应用范围。

④丰富"工程"的内涵,扩展"工程"的外延,对不同社会领域的"工程"系统进行辩证分析和统一度量。科学技术发展的巨大而深刻的影响,使"工程"一词广泛应用于经济、政治和文化等非物理领域,"系统工程"一词被泛化了(当然,那些赶时髦和滥用的套话、大话不在此列)。而价值工程通常以一般的物质系统(特别是制造业及工程系统)为研究对象,很少涉及社会的经济、政治、文化等领域。如今,应该广泛地理解"工程"的内涵,不应把它局限于"人工制作的物质系统",而应该把它扩展为"一切为人类社会的一定价值目的服务的物质系统与非物质系统"。事实上,许多社会事物如社会组织、社会团体、制度、文化传统、伦理道德、科学、教育、法律等都有其特定的功能特性;同时,为建立、维持、发展、传播和运行这些社会事物需要耗费一定的人力、物力和财力,即任何事物都有它特定的功能价值,同时都有它的成本与耗费,因而可以进行价值分析。对"工程"的内涵进行扩展,可以帮助我们对各种类型的经济、政治和文化系统的价值特性进行分析比较和统一度量,从而进一步扩展价值工程的应用范围。

8.3　价值工程理论对再生水发展分析

再生水利用会具有这样或者那样的好处,但无论是市政再生水或者是分散再生水,或者是再生水存在的其他形式,例如半集中式再生水(研究认为半集中式是一种规模效应的体现,可以归为市政集中式或者分散式),在中国都是"凤毛麟角"。因而研究利用价值工程的基本原理,分析再生水未来的发展之路。

(1)市政集中再生水

把市政再生水项目的建设作为一个产品来进行研究,根据价值工程理论,分析再生水的功能和费用,以使之当真正缺水出现的时候,可以更好地服务于社会。

1)费用分析

研究首先从费用方面进行分析,这里把费用分为制水费用和输配水费用两个大类。

目前,我国的主流饮用水处理工艺是"混凝—沉淀—过滤—消毒"的常规处理工艺,其主要目的是去除水中的悬浮物、胶体和杀灭细菌,因此可以对水厂进行升级改造或者开发新工艺,可以降低水厂的制水费用,但由于日益污染的原水水质,常规工艺出厂水质无法满足新的水质标准,水厂的制水费用也有可能升高。假设制水费用随着科技的发展,将来会有下降的趋势。但对于输配水费用,需要进行大量市政新管道的铺设,这本身就是一笔不菲的费用。而对于已经完善的公共建筑和住宅小区来说,把再生水用于居民生活,也将是一个艰难的任务(因为装修已经完成,旧管道已经就位,新管道无处安放),若一定要进行改造,则需要分质供水,进行公共建筑和住宅供水功能的重新分区,这种改造也将是费时耗力。而对于新建的建筑物来说,需要铺设不同的管道系统,将会增加大量的材料费、设备费及相关费用。

通过分析可以得出,在市政再生水总的费用中,和制水费用相比,输配水费用占有相当大的比例。

2)功能分析

再生水的水质高于污废水,而低于生活饮用水和直饮水。如果再生水的水质降低,成为不加处理的污废水,则对人类来说是没有使用功能的,因而,在进行再生水价值提高分析时,功能只能提高,不能降低为污废水。

3)价值分析

根据提高价值的主要途径可得到如下分析:

①成本不变,功能提高$(F\uparrow/C\rightarrow=V\uparrow)$

这第一种途径是,再生水功能提高,变为市政居民用水;费用不变,还是需要建立独立的生活供水系统。即在一个城市中同时拥有两个生活饮用水供应系统,只不过是一个的水源水来自地表水或者地下水,而另一个的水源水来自污废水。

②功能不变,成本下降$(F\rightarrow/C\downarrow=V\uparrow)$

这第二种途径即再生水还是再生水,但其建设的费用降低。例如改进新工艺或者降低输配水建设的费用。

③成本略有增加,功能大幅度提高$(F\uparrow\uparrow/C\uparrow=V\uparrow)$

这第三种途径是改进工艺,大大提高再生水的功能,把再生水变成直饮水。即以污废水为水源水,生成直饮水,城市中有两套供水系统,生活饮用水和直饮水。

④功能略有下降,成本大幅度下降($F\downarrow/C\downarrow\downarrow=V\uparrow$)

这第四种途径即污废水不经过处理,收集回到水厂,然后不经过处理,再进行使用。由于污废水无法使用,因而这种途径不能发生。

⑤成本降低,功能提高($F\uparrow/C\downarrow=V\uparrow$)

这第五种途径是再生水的功能提高,即改进工艺使水质达到生活饮用水的水质。若要降低供水成本,可以两个管网输配水系统合并成一个供水系统,这样虽然水的制水成本升高,但整个管网的输配水系统的造价将大大降低,因而总的成本降低。

从以上价值分析可以看出,第四种途径由于污废水没有使用价值,因而这种情况根本没有可能发生。第一种途径是在同一城市建成两套生活饮用水系统,这种方法也是不可取的。第三种情况由于直饮水的造价较高,不符合中国的国情,也可以直接否定。因而,价值分析选择提高再生水供水价值的途径主要是第二种途径和第五种途径。

比较第二种和第五种途径,显然第五种途径有较好的现实意义和发展前景。现代的水处理新技术,已能将城市污水处理到符合人们生活饮用水水质标准的程度。甚至做到城市污、废水的零排放,这将最大限度地缓解水资源危机。市政再生水发展的最终结果是以污废水为水源水,通过先进的科学工艺,把污废水变为生活饮用水,做到微量更新,循环使用的程度。这样就可以借助市政饮用水管道的输送系统,输送升级的"再生水"(达到饮用水供水标准),这样就可以大大降低再生水厂建设的管网费用。也使得污废水"变废为宝",实现城市循环用水,清洁用水。

第二种途径是特定时期,特定地点的产物。即对一些用水大户,且离市政再生水厂距离比较近时,可以采用。例如西安则是在某污水厂附近建立再生水厂,以污水厂的出水为水源,进行再生,再生水则提供给周围附近的工业用水。

(2)分散再生水

一方面再生水具有较好的市场前景,人们能够接受再生水。分散再生水"就地处理,就近利用",能够节能减排,缓解用水危机,把用于高标准的水使用后,经过处理而用于低标准的用水单元,特别适合现在城市的节水概念,缓解用水危机。

另一方面,虽然分散再生水项目具有一定的盈利能力,但由于分散再生水项目具有较长的投资回收期,投资高,风险高的特征,导致分散再生水项目是"风声大、雨点小",在中国的"大中小"城市,即使是西部极度缺水城市,也是"凤毛麟角"。因而,研究采用价值工程理论,以期改变分散再生水"曲高和寡"的局面。

研究把分散再生水项目看作一个产品,根据价值工程提高价值的主要途径,对其进行分析。

1)费用分析

分散再生水的费用也主要包括制水费用和管网输配水费用。而分散再生水的特点是"就近处理,就地利用",制水费用主要为前期投资,包括场地费、设备费等。而输送费的重点则是用户的管道建设和维护。对于公共建筑和住宅建筑内部,再生水主要用于冲洗厕所、清洁地面等活动。对于公共建筑而言,冲洗厕所、清洁地面等活动的用水占有大量比例,而公共建筑内的供水功能分区也比较明显,其供水多可以采用楼层之间的上下供水,因而其改造或者在新的建筑物内新建,相对来说施工简单,费用较低。而住宅则由于主张"谁消费,谁付费",导致内部管网结构复杂,但是对于住宅来说,生活饮用水所占的比例较大,可用再生水的用水量相应较小。不过,由于科技的发展,特别是远程计费水表的应用,也可以在一个居民用户中采用多个水表共存,例如西安绿地世纪城高档社区,就有热水表和冷水表的使用,当然,为了节省管材和管道的施工方便,在一户家庭中,也可以采用多个冷水表。

因而,对新的公共建筑或者住宅建筑,新建管网的输配水系统费用相对较低,而对旧的建筑,相比于新的建筑,改造费用较多。旧的公共建筑和住宅建筑改造,公共建筑相对花费较少,而已经建成的住宅建筑,改造施工复杂,费用也较高。

相对于居民生活用水,工业用水有可能采用大量的再生水,其管道的新建或者改造费用相比制水成本来说,是较低的。

因而,可以得出,一般情况下,管网的输配水费用相对于制水成本所占比例较低。

2)功能分析

分散再生水的功能分析和市政再生水的情况基本一样,提高功能会变为居民生活饮用水,再提高则变为直饮水。而功能下降,则会变为污废水,失去了使用价值。但对于工业用水而言,由于有些用水的特殊要求,可能需要水质更好的供水,因而提高分散再生水的功能,可能有其他的形式。

3)价值分析

根据提高价值的主要途径,对分散再生水进行价值分析:

①成本不变,功能提高($F\uparrow/C\rightarrow = V\uparrow$)

第一种途径是再生水变为居民生活饮用水,而所花费的成本基本不变。再生水的费用主要由于制水成本的比例较大,因而需要增加相应的设备等成本。通过本研究对再生水的经济分析,虽然分散再生水的造价低于市政居民生活饮用水,但由于规模效应,若要把污废水直接变成生活饮用水,造价将会更高。而研究也得出这样的结论,水质为再生水,按照居民生活饮用水的价格销售,需要较长的动态投资成本,投资风险也较高,在这样的条件下,分散再生水的投资也是"鲜有发生"。由于在分散再生水项目中,管道的费用相应比例较低,即使把分散再生的管道和饮用水管道合并,其造价也不会有明显的降低,因而这种途径的改进,反而不如现存的更有生命力。

②功能不变,成本下降($F\rightarrow/C\downarrow = V\uparrow$)

第二种途径是再生水功能维持不变,而降低费用。即降低制水成本或者管网输配水造价或者二者同时降低,由于再生水本身就是"就地处理,就近使用",管网造价降低的幅度也不会很大。因而,若降低费用,需要降低处理费用。但在现有的处理水平之下,费用很难降低。

因此,研究通过对再生水实例的研究分析,结合中国目前的市政给水排水存在的特点,提出分散再生水的再生理念应该是"取精华,弃糟粕",即通过技术吸取水中的目标污染物,对水质进行净化再生后回用。其本质是对目标污染物只是"萃取",而不处理。其工艺技术目标是通过吸附过滤,把水中的目标污染物从用于高标准的回收水中提取出来,然后把污染物通过市政的排水管道系统输送到市政污水厂进行集中处理,这样就会降低造价和投资风险。因而研究把这种处理方式称为"就地再生而不处理,就近利用"。

③成本略有增加,功能大幅度提高($F\uparrow\uparrow/C\uparrow=V\uparrow$)

第三种途径是再生水的功能变为直饮水,而费用稍微增加。即以污废水为水源水,生成直饮水,这种途径技术上是可行的,但由于规模效应造价是特别昂贵。所以并不适合分散再生水发展。

④功能略有下降,成本大幅度下降($F\downarrow/C\downarrow\downarrow=V\uparrow$)

第四种途径即污废水不经过处理,收集回到水厂,然后不经过处理,再进行使用。由于污废水无法使用,因而这种途径不能发生。

⑤成本降低,功能提高($F\uparrow/C\downarrow=V\uparrow$)

第五种途径是再生水的功能提升为市政居民饮用水,但制水成本降低。这是水处理技术发展的一个方向。但分散再生水毕竟规模有限,当和居民饮用水的功能一样时,由于规模效应,其显然竞争不过市政居民供水。

对于一些用水要求比较高的企业,这种途径可以通过开发新工艺等,变为一种可行。

通过以上功能分析可知,针对分散再生水的发展,如果是市政再生,则将是"就地再生,就近使用",即污废水再生而不处理,从而达到降低费用,而又保持再生水使用价值的一种途径。

若该种再生为非市政用水,则可以通过改进工艺,降低费用,提高功能的方式进行。

8.4　再生水对节水型城市的构建设想

(1) 节水型城市的基本概念和内涵

所谓节水型城市,即在不影响区域用水的情况下,满足人们的生活和生产用水,且具有用水可持续性发展的城市。

节水型城市主要有两个考核指标,即人均用水量和工业产值单位用水量。

节水型城市重在节水,而节水的措施主要有节约用水和开发新水。节约用水则可以利用节水器具,改进生产的工艺等来进行节水。而开发新水,即以雨雪水、工业污废水、生活污废水等为水源,进行再生利用,从而可以在不影响人们生活品质的情况下,达到人们的用水需求。

(2)再生水对节水城市的构建设想

根据价值分析,研究认为未来的节水城市是市政污水厂消失,取之代之是更多的市政给水厂,部分给水厂以地表水或地下水为水源,部分给水厂的水源为污废水,市政供水可以达到微量补充,循环使用的目的。

部分工业用户采用分散式自我供水厂,而一些大用户也可采用分散式的再生水厂。

城市形成以市政供水厂为线,以分散水厂(出水可以是多种标准)为点的综合供水系统。

第9章 城市再生水项目的发展战略研究

再生水项目既符合社会发展需要,解决"水资源危机";又适应时代要求,顺应"节能减排"。但一个项目的实施,需要综合考虑众多的影响因素,需要从多方面进行研究和评价。

本研究以求能反映整个社会的发展历程和社会事务的联系,提出种种分析。目的是从社会的多个方面分析再生水项目的经济、社会和国家的影响,并根据分析,从水务科研工作者、金融资本和国家对这类项目的战略发展。

9.1 研究对于城市再生水项目本身的发展分析

(1)再生水项目的发展是历史的一种趋势

随着生产的发展和人类生活水平的提高,对用水的需要逐渐提高。由于水源的有限性,从而导致水源危机的发生。城市的污废水是城市发展的第二水源。因而,再生水项目是解决现实中用水危机的一种重要的解决途径,也是势在必行的一种发展趋势。

(2)再生水项目的经济和技术等方面的研究需要进一步深化

再生水项目可持续发展需要的指标不仅和其自身有关,还和生态(例如空气中二氧化碳的含量)、社会(例如居住小区的温度)、人体的对再生水的抗风险能力等相关。因此建立一个再生水项目可持续发展评价体系还需要进行深入的研究。另外,在研究中,所评价的只是相对可持续性发展度的评价,建立一个客观的可持续性发展体系还需要不断努力。

9.2 研究对于政府行政决策的参考建议

从分散式再生水项目方案的本身分析,在居民集中居住的小区或者学校、宾馆等地对杂排水进行收集、处理并再生回用,可以减少污水的排放量。因为一般污水厂都建在偏远的郊区,因而,可以减少污水在二次运输中的耗电量,降低设备的规模,具有较好的经济效益和社会效益。但从企业的角度进行分析,可以看出由于风险成本和机会成本的存在,企业是优先选用市政居民用水或者市政再生用水。如果是商业用水,则可以优先选用分散式再生水项目供水方案。

其实,市政供水也是有风险成本和机会成本,只不过好多风险成本和机会成本有国家承担,保障人们的用水的水质、水量和水压的安全则是政府和国家的责任。市政供水有一定的规模效应,但像市政管道的铺设、市政供水厂或者污水厂的用地建设等,都得到了国家政策的大力支持,因此,针对分散式的再生水项目供水方案,没有国家政策的支持,单纯从企业的角度考虑,是会有很多的风险和困难的。因此,通过对再生水项目供水方案和市政供水方案的比较,可以给政府在再生水项目方面的方案提供一定的政策参考。

(1)政府和国家的主动性策略

1)提高水价

这个政策已经到了不能不实行的程度,而面对国家在一定社会发展中的,原材料价格的上涨,世界各地基本都是一定的规律,随着发展,物价会有一定的上涨,同样,虽然政府和国家也在注重人们生活质量的提高和民生问题,但供水企业承受非常大的压力,在一定的条件下,提高水价是历史发展的必然。而对用水企业来说,高风险必然要获得高利润,因此,国家可以在一定的范围内提高水价,使得再生水项目制水的企业能有一定的利润空间,进而抵消由于风险的发生而造成的损失。

我国可以实施阶梯水价。阶梯水价一方面可以在保证民生工程的基础上,有效地利用经济规律在社会发展中的作用,促使居民或者用水企业,尽可能地节约用水。制定节水措施,在用水的过程中,使用节水器具,例如使用节水的水龙头、卫生器具等。从而可以有效地缓解国家和社会的水资源危机,促进制水企业良好的竞争循环。

另一方面,水价的提高,必然会更好地唤醒人们的节水意识和资源保护的概念,诚然,在水价的提高的问题上,国家和社会要大力加大政策的宣传力度,从国家、社会和居民的角度进行分析,让人们能够理解这一政策,并支持这一政策的实施。虽然,国家和政府会因此花费一定的投资,但可以提高国民的整体素质,把节水、节能和节约资源的概念,像火种一样植入整个民族发展的核心,并能够代代相传,从而能更好地推动整个国民经济的发展。

2)强制再生水项目的实施

诚然,从传统的利益费用分析来说,再生水项目供水方案相比于市政民用供水方案来说,还是具有一定的利润空间。而在水价较高的商业用水,从分析中可以看出,再生水项目供水方案还是有一定的优势的,虽然仍然有一定的风险成本和机会成本,但整体的费用水平还是低于市政供水的商业供水价格。因此,政府和国家可以在一些商业用水比较集中的区域,强制实行再生水项目工程,从而保证国民经济的良好有序发展。例如,北京市政府规定,对大的宾馆,必须实施再生水项目方案,进行水质再生的回用工程。诚然,还可以在一些工业区,尝试实施再生水项目方案。而针对我国西北的干旱、半干旱地区,实施再生水项目工程,显然有更多和更好的社会意义。

而在一些高档的社区,私人用车比较多,人口相对比较密集,社区的开发也比较成熟,小区也比较大,例如在西安的绿地世纪城,仅在初期项目的公寓 A 区和公寓 B 区就有 4 个洗车场所,而地下停车库也有几百辆各式各样的小车停放在地下停车场内。这些还不包括社区的饭店、娱乐场所等,因而,国家也可以在类似这些的地方建立再生水项目示范场所,强制再生水项目方案的实施。

(2)政府和国家的被动策略

1)支持再生水项目的科研发展

科学技术是第一生产力。因此,政府和国家可以通过对再生水项目实施方案的科学技术研究的支持,来降低再生水项目的风险成本和投资成本,从而达到以较小的机会成本,达到再生水项目的实施。这无疑是比较好的政策策略。一旦在再生水项目实施中,取得技术突破,则可以大规模实施这种方案。

现在,国家已经意识到这一策略的可行性,最近逐年在加大科研的投入,从国家到地方的各级政府,有很多关于再生水的项目立项。本研究的项目得到各个方面的支持。因而,本研究也从一个侧面给科研工作者提供一个研究的参考。

2)降低银行对再生水项目的贷款利率

在方案的评价中,可以看到,机会成本改变了投资因子的费用水平,而机会成本的利率是一个不能忽略的问题。利率可以增大风险和成本。而在评价中,像社会利益和环境利益并没有包含在评价的方案中来。因此,再生水项目方案对整个国家来说是一项有意义的工作。

因此,可以通过国家国有银行或者国家控股银行对再生水项目进行支持,通过对再生水项目工程的贴息或者无息贷款的形式,加大对再生水项目的投入。通过银行的贴息和无息的形式,通过经济杠杆的作用,从而达到对再生水项目的支持。

3)其他优惠政策

再生水项目可以说能够节能减排,因此,可以通过国家政策,通过减税、国家财政补贴等方式对再生水项目进行优惠政策的实施,从而推动再生水项目的顺利实施。

9.3　研究对科研工作人员研究的参考建议

从研究可以看出,分散式中再生水项目供水方案和市政供水方案相比,投资大、风险高,主要是由于前期投资较高,因此,科研工作者,首先要做的是降低前期费用。从第一年的费用分析可以知道,前期费用主要包括人工费、设备费和电费,因此,首先要降低人工费,这样就要求发展全自动控制模式的设备装置。因此,在进行分散式设备设计的时候,要考虑到设备使用的安全性能,降低对人工操作的依赖,利用微电脑系统等进行设计。其次,要提高设备的可靠性和经济性,设备的维修和强制报废,则是非常危险的,会给正常的生产带来这样或者那样的问题,因此,设计人员需要降低水处理设备的制作成本,也就是要使得分散式再生水项目方案,能够以较低的"门槛"进入。还有,需要在再生水项目的方案中,降低能耗,使得再生水项目方案能够既达到减排的目的,同时也可以节能。

从投资因素来说,再生水项目供水方案的投资也是比较大的,这主要是机会成本的占用。机会成本是企业做出方案选择的重要因素。追求较高的利润是公司进行投资的主要目的。因为,资金的筹措是要付出代价,并且在现代社会,是比较困难的一件事情,因此,公司更愿意把资金投资到获取利润最多的地方。从投资因子可以看出,银行的利率,对各个供水方案的评价具有较重要的影响,在利率较低的时候,再生水项目的投资因子,比市政民用供水的方案要低,但随着利率在整个消耗中的影响和扩大,导致再生水项目供水方案的投资因子要高于市政民用和市政再生供水方案。因此,在现有的银行利率的情况下,再生水项目的供水方案不是优先考虑的方案,施工企业也会选择,其利润率要高于银行利率的方案。因此,降低再生水项目的机会成本,是方案中的重要工作。在投资成本中,其中的提供再生水项目的处理场所,占有重要的投资成本,因此,在再生水项目的水处理设备的开发研究中,尽量降低其投资成本,也是再生水项目方面的专家需要重点解决的问题。例如,在设计中采用把水处理设备设计成小区独到的风景,和园林规划的设计结合起来。这样,既可以节省了机会成本,有给整个小区有独特的风景,不同的感受。

再生水项目可持续发展需要的指标不仅和其自身有关,还和生态(例如空气中二氧化碳的含量)、社会(例如居住小区的温度)等相关。因此建立一个再生水项目可持续发展评价体系还需要进行深入的研究。另外,在研究中,所评价的只是相对可持续性发展度的评价,建立一个客观的可持续性发展体系还需要不断努力。

再生水项目是一个系统工程,其推广不仅需要技术的改进,还需要评价手段的跟进。而针对投资于设备、人工和电耗的不同,同样的资金,其发挥的作用是不一样的。因而在评价中引入权重的方式,是一个趋势。但怎样更客观、更好地确定权重,是一个难点。建议研究不仅通过数据本身的结构去找出权重,还需要在方案实施的过程中,采用数学统计的方式去归纳出权重,并把二者有机地结合起来。

在评价的过程中,水价和原材料的价格也在不断地变化,因此,在动态评价的过程中,结合各种预测模型将是更加准确的评价。

膜技术是一种很好的处理技术,但由于膜污染和耗能问题而受到限制,而磁分离技术由于依赖的大众科学技术的发展而获得长足进步。因而,磁分离技术也许可能有比较好的发展前景。但其研究主要在于应用磁分离技术特殊的分离原理,并结合其他技术(例如流化床、光催化),从而能为水处理的发展带来一种革命。

附录 财务统计一览表

附表5.1 流化床方案设备能耗一览表

序号	设备名称	设备技术参数	运行数量	备用数量	运行时间（h）	日耗电量（kW）	单位造价（元）	总体造价（元）
1	机械格栅	型号:KS200S 型格栅安装角度:45° 材质:不锈钢 额定功率:0.75 kW	1台	0	24	18	10 000	10 000
2	潜水泵	污水潜水排污泵 转速:1 400~3 000 r/min 流量:7~210 m³/h 扬程:5~60 m 额定功率:0.6 kW	1台	1台	6	3.6	1 098	2 196
3	循环离心泵	GW 系列卧式管道泵流量:3.5~120 m³/h 扬程:8~50 m 转速:2 900 r/min 额定功率:0.37 kW	2	—	24	17.76	2 062	4 124
4	潜水泵	污水潜水排污泵转 流量:7~210 m³/h 扬程:5~60 m 功率:0.55~110 kW 额定功率:0.6 kW	1台	—	2	1.2	1 098	2 196
5	耐腐蚀离心泵	40FSB-20D 流量:10 m³/h 扬程:20 m 电机功率:0.3 kW	2	—	24	14.4	2 062	4 124
6	清水泵	额定功率:0.75 kW	2台	1台	8	12	1 098	3 294
7	加药电机	Y,Y2 系列电机 额定电压:220/380 V 额定转速:910~2 800 r/min 额定功率:0.3 kW	3	—	2	1.8	220	660

续上表

序号	设备名称	设备技术参数	运行数量	备用数量	运行时间（h）	日耗电量（kW）	单位造价（元）	总体造价（元）
8	减速机	万鑫立式齿轮减速机 齿轮减速机立式立式 GV-40-3 700-10 S 额定功率:0.7 kW	1	—	24	16.8	1 845	1 845
9	臭氧发生器	XK-100G 1 100 W	1	—	2	2.2	13 500	13 500
10	加药泵	米顿罗加药泵 型号:P+096 额定流量:15 L/h 轴功率:22 W	3	—	24	1.584	1 080	3 240
11	污泥泵	螺杆泵浓浆泵,G.I-1B 系列产品 流量:2~45 m³/h 转速:960 r/m 额定功率:2 kW	1	—	1	2	4 200	4 200
12	污泥脱水机	污泥脱水压滤机 XBAM20-800-UBK 添加剂配比:3% 总功率:1.5 kW	1	—	1	3	25 000	25 000
13	流化床反应器	进水流量:5.3 m³/h 上升流速:$v=5.4$ m/h 流化床断面面积:1 m² 直径:1.2 m 水力停留时间:40 min 有效高度:3.78 m 其中反应区:1.90 m, 分离区:1.88 m	1	—	—	—	50 000 元/个	50 000
14	臭氧气浮反应器	设计水量:14m³/h 直径:1.5 m 中心筒:1.6 m 外筒:2.5 m	2	—	—	—	50 000 元/个	100 000
15	通风设备	品牌:OFAN-500 轴功率:0.75 kW	1	—	12	9	1 650	1 650
16	控制系统及照明装置	3.0 kW	—	—	—	3.0		60 000

续上表

序号	设备名称	设备技术参数	运行数量	备用数量	运行时间（h）	日耗电量（kW）	单位造价（元）	总体造价（元）
17	中压HCC鼓风机	HCC-50S 电机功率1.5 kW	1	1	24	36	2 200	4 400

注:1. 其造价根据阿里巴巴网在2011年10月统计;

　　2. 设备的价格包含运费;

　　3. 实际耗电量在统计中按额定功率的75%计算。

附表5.2　MBR方案设备能耗费用一览表

序号	设备名称	设备技术参数	运行数量	备用数量	运行时间（h）	日耗电量（kW）	单位造价（元）	总体造价（元）
1	机械格栅	XGS700-回转式 过水宽度:600 mm 安装角度:50° 材质:不锈钢 额定功率:1.5 kW	1台	0台	24	36	4 500	4 500
2	潜水泵	转速:1 400~3 000 r/min 口径:50~150 mm 流量:7~210 m³/h 扬程:5~60 m 额定功率:0.6 kW	1台	1台	6	3.6	1 098	2 196
3	清水泵	功率:0.75 kW	2台	1台	8	12	1 098	3 294
4	臭氧发生器	XK-100G 1 100 W	1台	0	2	2.2	13 500	13 500
5	臭氧气浮反应器	设计水量:14 m³/h 直径:1.5 m 中心筒:1.6 m 外筒:2.5 m	2	—	—	—	50 000	100 000
6	通风设备	品牌:OFAN-500 轴功率:0.75 kW	1	—	12	9	1 650	1 650
7	自控及照明设备		—	—	—	3.0	—	80 000
8	中压HCC鼓风机	HCC-50S 电机功率:1.5 kW	1	1	24	36	2 200	4 400
9	细格栅	0.55~1.1 kW 电机功率:1.1 kW	1	—	24	26.4	28 000	28 000

续上表

序号	设备名称	设备技术参数	运行数量	备用数量	运行时间(h)	日耗电量(kW)	单位造价(元)	总体造价(元)
10	污泥泵	螺杆泵浓浆泵,G.I-1B 流量:2~45 m³/h 转速:960 r/min 额定功率:2 kW	2	—	1	4	4 200	8 400
11	污泥脱机	污泥脱水压滤机 XBAM20-800-UBK 添加剂配比:3% 总功率:1.5 kW	1	—	1	3	25 000	25 000
12	加药电机	Y,Y2 系列电机 额定电压:220/380 V 额定转速:910~2 800 r/min 额定功率:0.3 kW	1	—	2	0.6	220 元/台	220
13	加药泵	米顿罗加药泵 型号:P+096 额定流量:15 L/h 轴功率:22 W	1	—	2	0.044	1 080 元/台	1 080
14	潜水泵	污水潜水排污泵转 流量:7~210 m³/h 扬程:5~60 m 功率:0.55~110 kW 功率:0.6 kW	1 台	—	2	1.2	1 098 元/台	2 196

注:1. 其造价根据阿里巴巴网在 2011 年 10 月统计;

2. 设备的价格包含运费;

3. 实际耗电量在统计中按额定功率的 75% 计算。

附表5.3 过滤方案方案设备能耗费用一览表

序号	设备名称	设备技术参数	运行数量	备用数量	运行时间(h)	日耗电量(kW)	单位造价(元)	总体造价(元)
1	机械格栅	设备参数:XGS700-回转式机械格栅 过水宽度:600 mm 安装角度:50° 材质:不锈钢 功率:1.5 kW	1 台	0	24	36	4 500 元/台	4 500

序号	设备名称	设备技术参数	运行数量	备用数量	运行时间(h)	日耗电量(kW)	单位造价(元)	总体造价(元)
2	潜水泵	转速:1 400~3 000 r/min 口径:50~150 mm 流量:7~210 m³/h 扬程:5~60 m 额定功率:0.6 kW	1台	1台	6	3.6	1 098	2 196
3	清水泵	功率:0.75 kW	2台	1台	8	12	1 098	3 294
4	反冲洗潜水泵	转速:1 400~3 000 r/min 口径:50~150 mm 流量:7~210 m³/h 扬程:5~60 m 额定功率:0.6 kW	1台	1台	2	1.2	1 098	2 196
5	臭氧发生器	XK-100G 1100 W	1	—	2	2.2	13 500	13 500
6	通风设备	品牌:OFAN-500 轴功率0.75 kW	1	—	12	9	1 650	1 650
7	细格栅	0.55-1.1 kW 电机功率1.1 kW	1		24	26.4	28 000	28 000
8	加药电机	Y,Y2系列电机 额定电压:220/380 V 额定转速:910~2 800 r/min 额定功率:0.3 kW	1	—	2	0.9	220	220
9	加药泵	米顿罗加药泵 型号:P+096 额定流量:15 L/h 轴功率:22 W	1	—	2	2.16	1 080	3 240
10	污泥泵	螺杆泵浓浆泵,G.I-1B 流量:2~45 m³/h) 转速:960 r/min 额定功率:2 kW	1	—	1	2	4 200	4 200
11	循环离心泵	GW系列卧式 0.37 kW	2	1	24	17.76	2 062	6 186
12	耐腐蚀离心泵	型号:40FSB-20D 流量:10 m³/h 扬程:20 m 电机功率:0.3 kW	2	—	24	14.4	2 062	4 124

133

序号	设备名称	设备技术参数	运行数量	备用数量	运行时间（h）	日耗电量（kW）	单位造价（元）	总体造价（元）
13	潜水泵	污水潜水排污泵转 流量：7~210 m³/h 扬程：5~60 m 功率：0.55~110 kW 功率：0.6 kW	1台	—	2	1.2	1 098	2 196
14	自控及照明系统		—	—	—	3.0	—	30 000

注：1. 其造价根据阿里巴巴网在 2011 年 10 月统计；

2. 设备的价格包含运费；

3. 实际耗电量在统计中按额定功率的 75% 计算。

附表 5.4　过滤方案罐体及滤料设计参数及造价

滤料	罐体设计参数	容积（m³）	滤料堆密度	滤料单位造价	滤料造价（元）	罐体数量	罐体单位造价	罐体造价
果壳滤料	罐体直径 1m 滤料填充高度 1.5 m 滤罐有效高度 2.3 m 流速为 10 m/s	1.18	0.85 g/cm³	1 700 元/t	1 705.1	1用1备	5 万元	10 万元
页岩陶粒	罐体直径 1.1 m 滤料填充高度 1.2 m 滤罐有效高度 2 m 流速为 8 m/s	1.14	1.0~1.19 g/cm³	200 元/t	250	1用1备	5 万元	10 万元
改性纤维球	罐体直径 1 m 滤料填充高度 1.5 m 滤罐有效高度 2.3 m 流速为 10 m/s	1.18	75~85 kg/m³	48 元/kg	4 531.2	1用1备	5 万元	10 万元

附表 5.5　流化床工艺基建费用一览表

序号	构筑物	规格	容积（m³）	容积单位造价（元/m³）	造价（元）
1	曝气池	L×B×H=5 m×3 m×4 m 厚度：0.3 m （内含调节池）	60	1 000	60 000
2	调节池	L×B×H=1.5 m×1 m×3 m 厚度：0.3m			

序号	构筑物	规　格	容积（m³）	容积单位造价（元/m³）	造价（元）
3	清水池	L×B×H = 3 m×2 m×3 m 厚度：0.3 m	27	100	27 000
4	污泥池	L×B×H = 3 m×1 m×3 m 厚度：0.3m			

附表 5.6　MBR 工艺基建费用一览表

序号	构筑物	规　格	容积（m³）	容积单位造价（元/m³）	造价（元）
1	膜生物反应池	L×B×H = 5 m×3 m×4 m 厚度：0.3 m （内含调节池）	60	1 000	60 000
2	调节池	L×B×H = 1.5 m×1 m×3 m 厚度：0.3 m			
3	清水池	L×B×H = 3 m×2 m×3 m 厚度：0.3 m	27	100	27 000
4	污泥池	L×B×H = 3 m×1 m×3 m 厚度：0.3 m			

附表 5.7　过滤工艺基建费用一览表

序号	构筑物	规　格	容积（m³）	容积单位造价（元/m³）	造价（元）
1	进水池	L×B×H = 5 m×3 m×4 m 厚度：0.3 m （内含调节池）	60	1 000	60 000
2	调节池	L×B×H = 1.5 m×1 m×3 m 厚度：0.3 m			
3	清水池	L×B×H = 3 m×2 m×3 m 厚度：0.3 m	27	100	27 000
4	污泥池	L×B×H = 3 m×1 m×3 m 厚度：0.3 m			

附表 6.1　2011 年各方案供水数据一览表　　　　　　　　　（单位：万元）

方案编号	变量 供水方案	X_1 边际成本	X_2 运营成本	X_3 能耗成本	X_4 人工成本	X_5 设备成本	X_6 机会成本	X_7 剩余资产
1	市政工业用水	18	18.389 91	0	8.927 28	0	485.528 4	−29.688 7
2	市政居民用水	2.94	3.329 906	0	8.927 28	0	116.349 7	−29.688 7
3	市政再生水	1.17	1.559 906	0	8.927 28	0	72.960 22	−29.688 7

续上表

方案编号	变量	X_1	X_2	X_3	X_4	X_5	X_6	X_7
	供水方案	边际成本	运营成本	能耗成本	人工成本	设备成本	机会成本	剩余资产
4	一体化造粒流化床工艺1	0.256 905	0.971 137	4.026 224	14.878 8	33.602 75	273.237 1	−210.429
5	一体化造粒流化床工艺2	0.295 826	1.009 956	4.026 224	14.878 8	33.602 75	274.188 7	−210.429
6	中空纤维超滤膜(国产)	0.278 625	0.990 903	3.876 32	14.878 8	31.214 96	273.827 4	−210.327
7	果壳滤料	0.205 463	0.930 951	3.724 04	14.878 8	40.435 59	277.833 6	−214.982
8	页岩陶粒	0.187 06	0.910 708	3.724 04	14.878 8	40.435 59	277.337 4	−214.982
9	改性纤维球	0.241 197	0.965 102	3.724 04	14.878 8	40.435 59	278.670 8	−214.982
10	无机膜MBR1	0.977 745	1.690 022	21.535 2	14.878 8	31.214 96	290.913 1	−210.327
11	无机膜MBR2	0.937 028	1.649 306	21.535 2	14.878 8	31.214 96	289.814 3	−210.327
12	一体式MBR3	0.300 754	1.013 031	11.031 18	14.878 8	31.214 96	281.579 5	−210.327
13	分离式MBR4	0.708 751	1.421 029	15.505 28	14.878 8	31.214 96	284.262 1	−210.327

附表6.2　2012年各方案供水数据一览表　　　　（单位：万元）

方案编号	变量	X_1	X_2	X_3	X_4	X_5	X_6	X_7
	供水方案	边际成本	运营成本	能耗成本	人工成本	设备成本	机会成本	剩余资产
1	市政工业用水	18	18.389 91	0	13.840 94	0	735.966 3	−29.27
2	市政居民用水	2.94	3.329 906	0	13.840 94	0	163.588	−29.27
3	市政再生水	1.17	1.559 906	0	13.840 94	0	96.316 46	−29.27
4	一体化造粒流化床工艺1	0.256 905	0.971 137	6.242 298	23.068 24	35.837 33	302.927 5	−205.995
5	一体化造粒流化床工艺2	0.295 826	1.009 956	6.242 298	23.068 24	35.837 33	304.402 9	−205.995
6	中空纤维超滤膜(国产)	0.278 625	0.990 903	6.009 885	23.068 24	33.290 76	304.981 2	−206.943
7	果壳滤料	0.205 463	0.930 951	5.773 788	23.068 24	43.124 56	307.353	−210.372
8	页岩陶粒	0.187 06	0.910 708	5.773 788	23.068 24	43.124 56	306.583 6	−210.372
9	改性纤维球	0.241 197	0.965 102	5.773 788	23.068 24	43.124 56	308.651	−210.372
10	无机膜MBR1	0.977 745	1.690 022	33.388 39	23.068 24	33.290 76	331.210 8	−206.691
11	无机膜MBR2	0.937 028	1.649 306	33.388 39	23.068 24	33.290 76	329.008 8	−206.208
12	一体式MBR3	0.300 754	1.013 031	17.102 86	23.068 24	33.290 76	317.270 9	−207.206
13	分离式MBR4	0.708 751	1.421 029	24.039 54	23.068 24	33.290 76	320.617 3	−206.418

附表6.3　2013年各方案供水数据一览表　　　　（单位：万元）

方案编号	变量	X_1	X_2	X_3	X_4	X_5	X_6	X_7
	供水方案	边际成本	运营成本	能耗成本	人工成本	设备成本	机会成本	剩余资产
1	市政工业用水	18	18.389 91	0	19.081 37	0	1 003.43	−28.851 4

续上表

方案编号	变量	X_1	X_2	X_3	X_4	X_5	X_6	X_7
	供水方案	边际成本	运营成本	能耗成本	人工成本	设备成本	机会成本	剩余资产
2	市政居民用水	2.94	3.329 906	0	19.081 37	0	214.339 2	−28.851 4
3	市政再生水	1.17	1.559 906	0	19.081 37	0	121.597 5	−28.851 4
4	一体化造粒流化床工艺1	0.256 905	0.971 137	8.605 741	31.802 28	38.580 15	337.261 8	−201.562
5	一体化造粒流化床工艺2	0.295 826	1.009 956	8.605 741	31.802 28	38.580 15	339.295 8	−201.562
6	中空纤维超滤膜(国产)	0.278 625	0.990 903	8.285 333	31.802 28	35.838 67	338.660 9	−201.459
7	果壳滤料	0.205 463	0.930 951	7.959 845	31.802 28	46.425 1	341.564 7	−205.762
8	页岩陶粒	0.187 06	0.910 708	7.959 845	31.802 28	46.425 1	340.504	−205.762
9	改性纤维球	0.241 197	0.965 102	7.959 845	31.802 28	46.4251	343.354	−205.762
10	无机膜MBR1	0.977 745	1.690 022	46.029 82	31.802 28	35.838 67	375.174	−201.459
11	无机膜MBR2	0.937 028	1.649 306	46.02 982	31.802 28	35.838 67	372.813 7	−201.459
12	一体式MBR3	0.300 754	1.013 031	23.578 3	31.802 28	35.838 67	355.236 6	−201.459
13	分离式MBR	0.708 751	1.421 029	33.141 33	31.802 28	35.838 67	360.951 4	−201.459

附表6.4 2014年各方案供水数据一览表 （单位:万元）

方案编号	变量	X_1	X_2	X_3	X_4	X_5	X_6	X_7
	供水方案	边际成本	运营成本	能耗成本	人工成本	设备成本	机会成本	剩余资产
1	市政工业用水	18	18.389 91	0	24.722 87	0	1291.064	−28.432 8
2	市政居民用水	2.94	3.329 906	0	24.722 87	0	268.674 3	−28.432 8
3	市政再生水	1.17	1.559 906	0	24.722 87	0	148.513	−28.432 8
4	一体化造粒流化床工艺1	0.256 905	0.971 137	11.150 07	41.204 78	41.242 18	372.066	−197.129
5	一体化造粒流化床工艺2	0.295 826	1.009 956	11.150 07	41.204 78	41.242 18	374.701 4	−197.129
6	中空纤维超滤膜(国产)	0.278 625	0.990 903	10.734 93	41.204 78	38.311 54	374.978 9	−198.075
7	果壳滤料	0.205 463	0.930 951	10.313 21	41.204 78	49.628 43	376.188 5	−201.151
8	页岩陶粒	0.187 06	0.910 708	10.313 21	41.204 78	49.628 43	374.814 3	−201.151
9	改性纤维球	0.241 197	0.965 102	10.313 21	41.204 78	49.628 43	378.506 9	−201.151
10	无机膜MBR1	0.977 745	1.690 022	59.638 77	41.204 78	38.311 54	422.030 2	−197.823
11	无机膜MBR2	0.937 028	1.649 306	59.638 77	41.204 78	38.311 54	418.479 6	−197.34
12	一体式MBR3	0.300 754	1.013 031	30.549 34	41.204 78	38.311 54	396.723	−198.338
13	分离式MBR4	0.708 751	1.421 029	42.939 73	41.204 78	38.311 54	403.324 3	−197.55

附表 6.5　2015 年各方案供水数据一览表　　　（单位:万元）

方案编号	变量	X_1	X_2	X_3	X_4	X_5	X_6	X_7
	供水方案	边际成本	运营成本	能耗成本	人工成本	设备成本	机会成本	剩余资产
1	市政工业用水	18	18.389 91	0	30.753 63	0	1598.929	-28.014 1
2	市政居民用水	2.94	3.329 906	0	30.753 63	0	327.143 4	-28.014 1
3	市政再生水	1.17	1.559 906	0	30.753 63	0	177.670 6	-28.014 1
4	一体化造粒流化床工艺 1	0.256 905	0.971 137	13.869 96	51.256 05	44.460 38	412.036 6	-192.696
5	一体化造粒流化床工艺 2	0.295 826	1.009 956	13.869 96	51.256 05	44.460 38	415.314 9	-192.696
6	中空纤维超滤膜(国产)	0.278 625	0.990 903	13.353 55	51.256 05	41.301 05	414.372 9	-192.591
7	果壳滤料	0.205 463	0.930 951	12.828 96	51.256 05	53.501 02	416.028 2	-196.541
8	页岩陶粒	0.187 06	0.910 708	12.828 96	51.256 05	53.501 02	414.318 7	-196.541
9	改性纤维球	0.241 197	0.965 102	12.828 96	51.256 05	53.501 02	418.912 2	-196.541
10	无机膜 MBR1	0.977 745	1.690 022	74.186 72	51.256 05	41.301 05	473.216 1	-192.591
11	无机膜 MBR2	0.937 028	1.649 306	74.186 72	51.256 05	41.301 05	469.402 1	-192.591
12	一体式 MBR3	0.300 754	1.013 031	38.001 38	51.256 05	41.301 05	441.093 5	-192.591
13	分离式 MBR4	0.708 751	1.421 029	53.414 21	51.256 05	41.301 05	450.287 9	-192.591

附表 6.6　2016 年各方案供水数据一览表　　　（单位:万元）

方案编号	变量	X_1	X_2	X_3	X_4	X_5	X_6	X_7
	供水方案	边际成本	运营成本	能耗成本	人工成本	设备成本	机会成本	剩余资产
1	市政工业用水	18	18.389 91	0	37.254 98	0	1930.471	-27.595 5
2	市政居民用水	2.94	3.329 906	0	37.254 98	0	389.828 9	-27.595 5
3	市政再生水	1.17	1.559 906	0	37.254 98	0	208.757 4	-27.595 5
4	一体化造粒流化床工艺 1	0.256 905	0.971 137	16.802 08	62.091 64	47.594 84	452.640 5	-188.263
5	一体化造粒流化床工艺 2	0.295 826	1.009 956	16.802 08	62.091 64	47.594 84	456.611 8	-188.263
6	中空纤维超滤膜(国产)	0.278 625	0.990 903	16.176 51	62.091 64	44.212 78	456.549 5	-189.207
7	果壳滤料	0.205 463	0.930 951	15.541 02	62.091 64	57.272 84	456.435 4	-191.931
8	页岩陶粒	0.187 06	0.910 708	15.541 02	62.091 64	57.272 84	454.364 5	-191.931
9	改性纤维球	0.241 197	0.965 102	15.541 02	62.091 64	57.272 84	459.929 1	-191.931
10	无机膜 MBR1	0.977 745	1.690 022	89.869 89	62.091 64	44.212 78	527.578 4	-188.955
11	无机膜 MBR2	0.937 028	1.649 306	89.869 89	62.091 64	44.212 78	522.471 5	-188.472
12	一体式 MBR3	0.300 754	1.013 031	46.034 91	62.091 64	44.212 78	489.183 4	-189.47
13	分离式 MBR4	0.708 751	1.421 029	64.706 04	62.091 64	44.212 78	499.528 1	-188.682

附表 6.7　2017 年各方案供水数据一览表　　（单位：万元）

方案编号	变量	X_1	X_2	X_3	X_4	X_5	X_6	X_7
	供水方案	边际成本	运营成本	能耗成本	人工成本	设备成本	机会成本	剩余资产
1	市政工业用水	18	18.389 91	0	44.214 68	0	2285.387	-27.176 8
2	市政居民用水	2.94	3.329 906	0	44.214 68	0	456.933 8	-27.176 8
3	市政再生水	1.17	1.559 906	0	44.214 68	0	242.035 8	-27.176 8
4	一体化造粒流化床工艺 1	0.256 905	0.971 137	19.940 92	73.691 14	50.950 27	496.107 1	-183.83
5	一体化造粒流化床工艺 2	0.295 826	1.009 956	19.940 92	73.691 14	50.950 27	500.820 2	-183.83
6	中空纤维超滤膜（国产）	0.278 625	0.990 903	19.198 49	73.691 14	47.329 78	498.510 6	-183.723
7	果壳滤料	0.205 463	0.930 951	18.444 28	73.691 14	61.310 58	499.691 3	-187.321
8	页岩陶粒	0.187 06	0.910 708	18.444 28	73.691 14	61.310 58	497.233 6	-187.321
9	改性纤维球	0.241 197	0.965 102	18.444 28	73.691 14	61.310 58	503.837 6	-187.321
10	无机膜 MBR（进口）	0.977 745	1.690 022	106.658 7	73.691 14	47.329 78	583.349 7	-183.723
11	无机膜 MBR（国产）	0.937 028	1.649 306	106.658 7	73.691 14	47.329 78	578.325 7	-183.723
12	一体式 MBR（进口）	0.300 754	1.013 031	54.634 81	73.691 14	47.329 78	536.677 3	-183.723
13	分离式 MBR（国产）	0.708 751	1.421 029	76.793 94	73.691 14	47.329 78	550.645 3	-183.723

附表 6.8　2018 年各方案供水数据一览表　　（单位：万元）

方案编号	变量	X_1	X_2	X_3	X_4	X_5	X_6	X_7
	供水方案	边际成本	运营成本	能耗成本	人工成本	设备成本	机会成本	剩余资产
1	市政工业用水	18	18.389 91	0	51.665 04	0	2665.325	-26.758 2
2	市政居民用水	2.94	3.329 906	0	51.665 04	0	528.769 5	-26.758 2
3	市政再生水	1.17	1.559 906	0	51.665 04	0	277.660 4	-26.758 2
4	一体化造粒流化床工艺 1	0.256 905	0.971 137	23.301 05	86.108 4	54.542 26	542.638	-179.397
5	一体化造粒流化床工艺 2	0.295 826	1.009 956	23.301 05	86.108 4	54.542 26	548.145 3	-179.397
6	中空纤维超滤膜（国产）	0.278 625	0.990 903	22.433 51	86.108 4	50.666 53	547.680 3	-180.339
7	果壳滤料	0.205 463	0.930 951	21.552 21	86.108 4	65.632 98	545.996 7	-182.711
8	页岩陶粒	0.187 06	0.910 708	21.552 21	86.108 4	65.632 98	543.124 9	-182.711
9	改性纤维球	0.241 197	0.965 102	21.552 21	86.108 4	65.632 98	550.841 7	-182.711
10	无机膜 MBR（进口）	0.977 745	1.690 022	124.631 1	86.108 4	50.666 53	646.283	-180.087
11	无机膜 MBR（国产）	0.937 028	1.649 306	124.631 1	86.108 4	50.666 53	639.392 7	-179.604
12	一体式 MBR（进口）	0.300 754	1.013 031	63.841 01	86.108 4	50.666 53	592.832 5	-180.601
13	分离式 MBR（国产）	0.708 751	1.421 029	89.734 04	86.108 4	50.666 53	607.491 4	-179.814

附表 6.9　2019 年各方案供水数据一览表　　　　（单位：万元）

方案编号	变量 供水方案	X_1 边际成本	X_2 运营成本	X_3 能耗成本	X_4 人工成本	X_5 设备成本	X_6 机会成本	X_7 剩余资产
1	市政工业用水	18	18.389 91	0	59.640 65	0	3072.049	-26.339 6
2	市政居民用水	2.94	3.329 906	0	59.640 65	0	605.669 7	-26.339 6
3	市政再生水	1.17	1.559 906	0	59.640 65	0	315.796 5	-26.339 6
4	一体化造粒流化床工艺 1	0.256 905	0.971 137	26.898 07	99.401 08	58.387 49	592.449 3	-174.963
5	一体化造粒流化床工艺 2	0.295 826	1.009 956	26.898 07	99.401 08	58.387 49	598.806 9	-174.963
6	中空纤维超滤膜（国产）	0.278 625	0.990 903	25.896 6	99.401 08	54.238 52	597.057 6	-174.855
7	果壳滤料	0.205 463	0.930 951	24.879 26	99.401 08	70.260 1	595.566 7	-178.101
8	页岩陶粒	0.187 06	0.910 708	24.879 26	99.401 08	70.260 1	592.251 5	-178.101
9	改性纤维球	0.241 197	0.965 102	24.879 26	99.401 08	70.260 1	601.159 6	-178.101
10	无机膜 MBR（进口）	0.977 745	1.690 022	143.870 6	99.401 08	54.238 52	711.176 4	-174.855
11	无机膜 MBR（国产）	0.937 028	1.649 306	143.870 6	99.401 08	54.238 52	703.787 2	-174.855
12	一体式 MBR（进口）	0.300 754	1.013 031	73.696 24	99.401 08	54.238 52	648.873 1	-174.855
13	分离式 MBR（国产）	0.708 751	1.421 029	103.586 4	99.401 08	54.238 52	666.715 7	-174.855

附表 6.10　2011 年费用水平一览表

方案编号	供水方案	投资因子	排名	风险因子	排名	费用水平	排名
1	市政工业用水	-1.134 96	11	3.064 66	1	0.473 698	1
2	市政居民用水	-1.986 24	12	-0.825 5	12	-1.366 49	12
3	市政再生水	-2.086 29	13	-1.282 71	13	-1.582 77	13
4	一体化造粒流化床工艺 1	0.360 808	9	-0.207 81	11	0.121 31	10
5	一体化造粒流化床工艺 2	0.363 002	8	-0.197 78	9	0.126 054	9
6	中空纤维超滤膜（国产）	0.319 171	10	-0.207 12	10	0.099 05	11
7	果壳滤料	0.494 824	6	-0.183 63	7	0.202 328	7
8	页岩陶粒	0.493 668	7	-0.188 73	8	0.199 895	8
9	改性纤维球	0.496 743	5	-0.174 7	6	0.206 534	6
10	无机膜 MBR1	0.776 444	1	0.146 781	2	0.471 769	2
11	无机膜 MBR2	0.773 85	2	0.135 786	3	0.466 467	3
12	一体式 MBR3	0.510 583	4	-0.097	5	0.241 579	5
13	分离式 MBR4	0.618 374	3	0.017 763	4	0.340 557	4

附表6.11 2012年费用水平一览表

方案编号	供水方案	投资因子	排名	风险因子	排名	费用水平	排名
1	市政工业用水	-1.119 72	11	3.107 991	1	0.662 958	1
2	市政居民用水	-1.931 8	12	-0.730 12	12	-1.258 08	12
3	市政再生水	-2.027 24	13	-1.181 21	13	-1.483 85	13
4	一体化造粒流化床工艺1	0.322 933	9	-0.249 66	11	0.063 763	10
5	一体化造粒流化床工艺2	0.325 026	8	-0.239 76	9	0.068 714	9
6	中空纤维超滤膜(国产)	0.282 345	10	-0.248 19	10	0.043 957	11
7	果壳滤料	0.459 851	6	-0.224 53	7	0.142 436	7
8	页岩陶粒	0.458 757	7	-0.229 56	8	0.139 901	8
9	改性纤维球	0.461 69	5	-0.215 72	6	0.146 831	6
10	无机膜MBR1	0.818 722	1	0.161 675	2	0.474 935	2
11	无机膜MBR2	0.813 769	2	0.148 917	3	0.467 418	3
12	一体式MBR3	0.503 768	4	-0.112 06	5	0.208 831	5
13	分离式MBR4	0.631 883	3	0.012 231	4	0.322 179	4

附表6.12 2013年费用水平一览表

方案编号	供水方案	投资因子	排名	风险因子	排名	费用水平	排名
1	市政工业用水	-0.996 98	11	3.145 687	1	0.825 934	1
2	市政居民用水	-1.954 44	12	-0.642 9	12	-1.208 75	12
3	市政再生水	-2.066 97	13	-1.088 17	13	-1.447 89	13
4	一体化造粒流化床工艺1	0.300 16	9	-0.279 07	11	0.028 743	10
5	一体化造粒流化床工艺2	0.302 629	8	-0.269 3	9	0.033 99	9
6	中空纤维超滤膜(国产)	0.251 959	10	-0.282 91	10	0.003 923	11
7	果壳滤料	0.439 303	6	-0.256 14	7	0.105 313	7
8	页岩陶粒	0.438 023	7	-0.261 11	8	0.102 632	8
9	改性纤维球	0.441 481	5	-0.247 44	6	0.109 974	6
10	无机膜MBR1	0.853 496	1	0.162 175	2	0.478 614	2
11	无机膜MBR2	0.850 678	2	0.151 436	3	0.472 796	3
12	一体式MBR3	0.494 647	4	-0.134 46	5	0.182 511	5
13	分离式MBR4	0.645 995	3	0.002 205	4	0.312 194	4

附表 6.13　2014 年费用水平一览表

方案编号	供水方案	投资因子	排名	风险因子	排名	费用水平	排名
1	市政工业用水	-0.916 52	11	3.170 344	1	0.923 353	1
2	市政居民用水	-1.961 91	12	-0.582 55	12	-1.171 88	12
3	市政再生水	-2.084 77	13	-1.023 63	13	-1.418 13	13
4	一体化造粒流化床工艺 1	0.279 57	9	-0.301 82	10	0.002 57	10
5	一体化造粒流化床工艺 2	0.282 265	8	-0.292 14	9	0.007 973	9
6	中空纤维超滤膜（国产）	0.235 591	10	-0.303 45	11	-0.018 82	11
7	果壳滤料	0.418 609	6	-0.281 62	8	0.076 614	7
8	页岩陶粒	0.417 22	7	-0.286 54	7	0.073 859	8
9	改性纤维球	0.420 994	5	-0.273	6	0.081 417	6
10	无机膜 MBR1	0.881 061	1	0.166 753	2	0.485 74	2
11	无机膜 MBR2	0.875 608	2	0.154 92	3	0.478 12	3
12	一体式 MBR3	0.495 643	4	-0.144 67	5	0.1713 66	5
13	分离式 MBR4	0.656 599	3	-0.002 61	4	0.307 783	4

附表 6.14　2015 年费用水平一览表

方案编号	供水方案	投资因子	排名	风险因子	排名	费用水平	排名
1	市政工业用水	-0.870 05	11	3.179 104	1	0.976 761	1
2	市政居民用水	-1.968	12	-0.549 77	12	-1.151 41	12
3	市政再生水	-2.097 04	13	-0.988 02	13	-1.401 53	13
4	一体化造粒流化床工艺 1	0.270 763	9	-0.313 18	10	-0.010 4	10
5	一体化造粒流化床工艺 2	0.273 595	8	-0.303 56	9	-0.004 91	9
6	中空纤维超滤膜（国产）	0.220 784	10	-0.317 91	11	-0.035 63	11
7	果壳滤料	0.410 071	6	-0.294 07	7	0.062 506	7
8	页岩陶粒	0.408 616	7	-0.298 96	8	0.059 709	8
9	改性纤维球	0.412 579	5	-0.285 51	6	0.067 386	6
10	无机膜 MBR1	0.895 075	1	0.170 087	2	0.488 964	2
11	无机膜 MBR2	0.891 891	2	0.159 531	3	0.482 905	3
12	一体式 MBR3	0.489 223	4	-0.153 37	5	0.160 305	5
13	分离式 MBR4	0.662 46	3	-0.004 4	4	0.305 327	4

附表6.15　2016年费用水平一览表

方案编号	供水方案	投资因子	排名	风险因子	排名	费用水平	排名
1	市政工业用水	-0.839 13	11	3.182 752	1	1.012 116	1
2	市政居民用水	-1.970 75	12	-0.521 97	12	-1.134 17	12
3	市政再生水	-2.103 75	13	-0.957 38	13	-1.386 42	13
4	一体化造粒流化床工艺1	0.259 636	9	-0.324 14	10	-0.023 09	10
5	一体化造粒流化床工艺2	0.262 554	8	-0.314 59	9	-0.017 56	9
6	中空纤维超滤膜(国产)	0.214 447	10	-0.326 98	11	-0.045 09	11
7	果壳滤料	0.398 438	6	-0.306 59	7	0.048 354	7
8	页岩陶粒	0.396 942	7	-0.311 44	8	0.045 537	8
9	改性纤维球	0.401 025	5	-0.298 08	6	0.053 278	6
10	无机膜MBR1	0.911 877	1	0.175 395	2	0.495 753	2
11	无机膜MBR2	0.906 188	2	0.163 968	3	0.488 124	3
12	一体式MBR3	0.492 999	4	-0.156 32	5	0.157 755	5
13	分离式MBR4	0.669 495	3	-0.004 65	4	0.305 397	4

附表6.16　2017年费用水平一览表

方案编号	供水方案	投资因子	排名	风险因子	排名	费用水平	排名
1	市政工业用水	-0.809 42	11	3.188 44	1	1.041 759	1
2	市政居民用水	-1.971 42	12	-0.500 9	12	-1.120 45	12
3	市政再生水	-2.107 99	13	-0.934 51	13	-1.374 57	13
4	一体化造粒流化床工艺1	0.255 018	9	-0.330 16	10	-0.029 82	10
5	一体化造粒流化床工艺2	0.258 014	8	-0.320 65	9	-0.024 24	9
6	中空纤维超滤膜(国产)	0.203 781	10	-0.33 601	11	-0.055 76	11
7	果壳滤料	0.393 665	6	-0.313 7	7	0.040 678	7
8	页岩陶粒	0.392 128	7	-0.318 53	8	0.037 838	8
9	改性纤维球	0.396 322	5	-0.305 22	6	0.045 638	6
10	无机膜MBR1	0.917 681	1	0.175 489	2	0.496 038	2
11	无机膜MBR2	0.914 508	2	0.165 446	3	0.490 148	3
12	一体式MBR3	0.486 134	4	-0.163 06	5	0.149 489	5
13	分离式MBR4	0.671 548	3	-0.006 64	4	0.303 234	4

附表 6.17　2018 年费用水平一览表

方案编号	供水方案	投资因子	排名	风险因子	排名	费用水平	排名
1	市政工业用水	−0.794 05	11	3.191 646	1	1.060 163	1
2	市政居民用水	−1.973 53	12	−0.484 55	12	−1.110 83	12
3	市政再生水	−2.112 15	13	−0.916 61	13	−1.365 98	13
4	一体化造粒流化床工艺1	0.247 859	9	−0.337 17	10	−0.037 62	10
5	一体化造粒流化床工艺2	0.250 9	8	−0.327 69	9	−0.032 02	9
6	中空纤维超滤膜(国产)	0.202 312	10	−0.340 48	11	−0.059 75	11
7	果壳滤料	0.385 525	6	−0.321 63	7	0.031 741	7
8	页岩陶粒	0.383 967	7	−0.326 45	8	0.028 892	8
9	改性纤维球	0.388 224	5	−0.313 19	6	0.036 723	6
10	无机膜MBR1	0.929 334	1	0.178 906	2	0.501 162	2
11	无机膜MBR2	0.923 45	2	0.167 696	3	0.493 505	3
12	一体式MBR3	0.491 424	4	−0.1637	5	0.150 061	5
13	分离式MBR4	0.676 706	3	−0.006 78	4	0.303 935	4

附表 6.18　2019 年费用水平一览表

方案编号	供水方案	投资因子	排名	风险因子	排名	费用水平	排名
1	市政工业用水	−0.775 47	11	3.194 487	1	1.077 289	1
2	市政居民用水	−1.973 6	12	−0.474 67	12	−1.103 72	12
3	市政再生水	−2.114 41	13	−0.905 9	13	−1.360 05	13
4	一体化造粒流化床工艺1	0.245 528	9	−0.340 56	10	−0.041 28	10
5	一体化造粒流化床工艺2	0.248 617	8	−0.331 1	9	−0.035 66	9
6	中空纤维超滤膜(国产)	0.194 32	10	−0.345 75	11	−0.066 73	11
7	果壳滤料	0.382 805	6	−0.325 7	7	0.027 379	7
8	页岩陶粒	0.381 225	7	−0.330 5	8	0.024 52	8
9	改性纤维球	0.385 548	5	−0.317 27	6	0.032 386	6
10	无机膜MBR1	0.932 647	1	0.180 597	2	0.502 041	2
11	无机膜MBR2	0.929 216	2	0.170 245	3	0.495 865	3
12	一体式MBR3	0.485 552	4	−0.167 04	5	0.144 704	5
13	分离式MBR4	0.677 98	3	−0.006 83	4	0.303 23	4

参 考 文 献

[1] 张勤,张建高,张杰. 水工程经济[M]. 北京:中国建筑工业出版社,2002:9-36.

[2] 王琳,王宝贞. 分散式污水处理与回用[M]. 北京:化学工业出版社, 2003:235-238.

[3] Melin T. , Jefferson B. , Bixio D. , et al. Membrane bioreactor technology for wasterwater treatment and reuse [J]. Desalination, 2006, 187: 271-282.

[4] Yang W. , Cicek N. , Ilg J. State-of-the-art of membrane bioreactors: Worldwide research and commercial applications in North America [J]. Journal of Membrane Science, 2006, 270: 201-211.

[5] 许振良. 膜法水处理技术[M]. 北京:化学工业出版社, 2001:30-34.

[6] Rautenbach R. (著),王乐夫(译). 膜工艺——组件和装置设计基础[M]. 北京:化学工业出版社, 1998:64-79.

[7] 刘茉娥,陈欢林. 新型膜分离技术基础(第二版)[M]. 杭州:浙江大学出版社, 1999.

[8] 许振良. 膜法水处理技术[M]. 北京:化学工业出版社, 2001:142-166.

[9] 陈欢林. 环境生物技术与工程[M]. 北京:化学工业出版社, 2003:277-278.

[10] Young-Deuk Kim, Kyaw Thu, Hitasha Kaur Bhati,et al. Thermal analysis and performance optimization of a solar hot water plant with economic evaluation[J]. Solar Energy 2012(86):1378-1395.

[11] Youjun Lu,Liang Zhao,Liejin Guo. Technical and economic evaluation of solar hydrogen production by supercritical water gasification of biomass in China[R]. International Journal of Hydrogen Energy 2011(36): 14349 -14359.

[12] Xifeng LIU, Xuefeng YU, Kui YU. The Current Situation and Sustainable Development of Water Resources in China[J]. Procedia Engineering,2012(28):522-526.

[13] 王莲芬,许树柏. 层次分析法引论[M]. 北京:中国人民大学出版社,1990.(6):7-15.

[14] 雷钦礼. 经济管理多元统计分析[M]. 北京:中国统计出版社,2002:133-139.

[15] 于丁一,宋澄章,李航宇. 膜分离工程及典型设计实例[M]. 北京:化学工业出版社, 2005:120-121.

[16] 陈欢林. 环境生物技术与工程[M]. 北京:化学工业出版社, 2003:277-278.

[17] 王增长. 建筑给水排水工程(第六版)[M]. 北京:中国建筑工业出版社,2010:31.

[18] 牛文元,毛志锋. 可持续发展的理论系统解析[M]. 湖北:湖北科技出版社,1998:26

[19] 郭秀英. 论投资方案评价的投资回收期法[J]. 中国管理科学,2001(9):335-338.

[20] 季中文. 动态投资回收期计算方法探讨[J]. 生物技术世界,2012(6):136.

[21] 胡毓瑾. 城市再生水资源利用项目的技术经济综合评价研究[D]. 西安:西安建筑科技大学,2004.

[22] 高旭阔. 城市再生水资源价值评价研究[D]. 西安:西安建筑科技大学,2010.